高等职业教育建筑设计类专业教材
GAODENG ZHIYE JIAOYU JIANZHU SHEJILEI ZHUANYE JIAOCAI

"双带头人"工作室成果 / 现代学徒制人才培养成果 / 教师教学创

ARCHITECTURAL
DESIGN

ZHUANGSHI
CAILIAOYU
SHIGONG GONGYI

# 装饰材料与施工工艺

主　编 / 王　维　钏文凭

副主编 / 李丽芬　张　杰　杨志路

合作编写企业 / 广州中望龙腾软件股份有限公司

云南省设计院集团有限公司

重庆大学出版社

# 内容提要

本书为"双带头人"工作室成果、现代学徒制人才培养成果、教师教学创新团队成果。本书内容包括认识装饰材料与施工工艺课程、楼地面施工、墙面施工、天棚施工及水电施工5个教学项目,17个任务,全面介绍企业先进的装饰施工工艺和流程,表现形式新颖,配套教学资源丰富。同时,本书根据课程内容有针对性地匹配"课程思政"案例,设计多元评价指标,全方位提升了课程的育人成效。

本书可作为高等职业院校、技师学院、技工学校、职业中专建筑设计类专业的教材,也可作为相关企业岗位培训和有关人员的自学用书。

**图书在版编目(CIP)数据**

装饰材料与施工工艺 / 王维, 钏文凭主编. -- 重庆 : 重庆大学出版社, 2024. 7. -- (高等职业教育建筑设计类专业教材). -- ISBN 978-7-5689-4579-0

Ⅰ. TU56;TU767

中国国家版本馆 CIP 数据核字第 20241AF630 号

高等职业教育建筑设计类专业教材
## 装饰材料与施工工艺
主 编 王 维 钏文凭
策划编辑:范春青

责任编辑:范春青 版式设计:范春青
责任校对:王 倩 责任印制:赵 晟

\*

重庆大学出版社出版发行
出版人:陈晓阳
社址:重庆市沙坪坝区大学城西路21号
邮编:401331
电话:(023)88617190 88617185(中小学)
传真:(023)88617186 88617166
网址:http://www.cqup.com.cn
邮箱:fxk@ cqup.com.cn(营销中心)
全国新华书店经销
重庆市正前方彩色印刷有限公司印刷

\*

开本:787mm×1092mm 1/16 印张:9.75 字数:226千
2024年7月第1版 2024年7月第1次印刷
印数:1—2 000
ISBN 978-7-5689-4579-0 定价:38.00元

# 前　言

我国职业教育正处于提质培优、增值赋能机遇期和改革攻坚、爬坡上坎关键期"双期叠加"的新阶段,加之《中华人民共和国职业教育法》的出台,大大提升了职业教育的社会认可度,塑造了社会共识,推进了职业教育高质量发展。职业教育可谓大有所为,这既是对职业教育认知层面的要求,也是对操作层面的要求。

职业教育要高质量发展,教师、教材的高质量就必不可少。目前建筑室内设计专业的教材大多还是在学科体系教材基础上的修修补补,不符合职业院校学生学习特点和人才培养目标要求,因此教材的改革和创新是职业院校迫在眉睫的事情,同时也是落实"三教"改革的重要体现。

本书为"双带头人"工作室成果、现代学徒制人才培养成果和教师教学创新团队成果,依据建筑设计类相关专业教学标准、装饰材料与施工工艺课程标准编写而成。全书按照项目-任务的形式编写,根据岗位技能要求,内容包括认识装饰材料与施工工艺课程、楼地面施工、墙面施工、天棚施工、水电施工五个项目。内容安排符合施工工艺流程,注重学生操作技能的培养。

本书以项目任务为驱动,以立德树人为根本任务,以培养学生的实践应用能力为主线,通过有机融入思政元素、突出创新应用、注重信息化教学等方式,更好地提升学生的专业技能和职业素养,最大程度地缩小学校"学"与上岗"用"的差距。

本书具有以下鲜明的职教特色:

(1)本书采用项目式设计,每个项目分为若干任务,以完成实际施工工艺任务为引领,通过任务的实施增强学生的学习兴趣和参与度。

(2)融合教案、师生的课前课中课后活动、笔记、项目拓展于一体,以4课时为单位设置课前准备、课中实训、课堂测试、综合评价等环节。课中实训主要以材料及施工工艺知识点的实际运用展开示范与练习,实训后设置拓展栏目,引导学生主动思考和探索问题,同时也让教师从传统理论讲授中解放出来,将更多精力投入学生实际学习效果的提升和教学重难点的突破上,注重激发学生学习的主动性。

（3）突出岗位需求、实践创新，每个施工项目和活动均配备虚拟化仿真动画演示，供学生课前自学。各项目对应理论知识，详细介绍了实战训练的方法、步骤和评定标准，加深学生对理论知识的理解，提高学生实践操作的效率，以便教师有效掌握学生的技能情况。

（4）依托虚拟仿真实训平台，可开展线上、线下混合式教学。针对实战步骤和流程、注意事项，配套开发大量的虚拟仿真动画视频或微课，扫描二维码即可观看教师示范或仿真动画模拟；打破传统单纯课堂授课方式，学生学习不受时间和空间限制，同时可通过自评表记录个人的课程积分。

（5）本书参考"1+X"室内设计职业技能等级证书考试大纲的应知应会考评要求编写，为学生参加"1+X"证书考试打下基础，实现"岗课赛证"融通。

（6）本书在任务中融入课程思政元素，着重培养学生的审美素养、创新思维、环保意识、品质意识、职业道德、社会责任、团队合作能力和工匠精神，这样不仅帮助学生提升专业技能，更塑造了他们的品格和价值观，为他们的全面发展奠定了坚实的基础。

本书由职业院校与企业合作开发而成。其中，云南城市建设职业学院王维、钏文凭任主编，云南城市建设职业学院李丽芬、张杰，云南省设计院集团有限公司杨志路任副主编。王维编写了项目1和项目2，钏文凭编写了项目3，李丽芬编写了项目4，张杰编写了项目5，杨志路主要负责教材内容和企业岗位标准的有机融入。全书由王维、钏文凭统稿。

北京工商大学李宝仁教授认真、仔细地审阅了全稿，并提出了修改意见。在编写过程中，编者得到了云南省建材职业教育教学指导委员会、云南省住房和城乡建设类行业指导委员会、相关兄弟院校的支持和帮助，在此表示衷心的感谢！在编写过程中参阅了大量的参考文献，对相关作者表示诚挚的谢意！

本书配有教学实战视频，请有需要的读者联系编者获取（QQ276810251）。由于编者水平有限，书中不当之处在所难免，敬请同行和读者指正。

编　者<br>2024 年 2 月

# 项目 1   认识装饰材料与施工工艺课程

## 任务 1.1   课程整体描述

装饰材料与施工工艺课程,根据人才培养方案、"1+X"证书要求和技能大赛要求,需要学生掌握室内装饰中的材料选择,了解其属性和性能优劣,掌握地面、墙面、顶面、水电常用施工流程和施工技巧,具备地面、墙面、顶面、水电等施工实做技能等。

### 1.1.1   教学目标确立来源

1)从人才培养目标来看

根据人才培养方案,毕业生就业岗位主要有室内装饰设计、室内装饰施工、室内装饰工程造价,在其岗位职业能力分析中和装饰材料与施工工艺相关的内容见表1.1。

表 1.1   人才培养方案中不同岗位的能力需求

| 室内装饰设计师助理 | 室内装饰材料专员 | 室内装饰工程监理 |
| --- | --- | --- |
| 计算机制图知识;工程图纸规范性的相关知识;装饰材料与施工工艺知识;工程预算与管理知识 | 建筑室内装饰法规及施工规范;室内装饰施工图的识图知识;装饰工程管理的内容和要求;建筑装饰材料知识;建筑装饰工程计量和概算知识;室内装饰工程施工技术规范及质量验收标准;室内装饰施工图、设备安装图的识图知识;室内装饰材料知识;室内装饰构造与施工工艺知识;文明施工和安全生产知识;室内装饰工程质量验收规范、验收程序和检测方法 | 建筑装饰工程计量与计价的基本知识;建筑装饰工程工程量清单项目及工程量的计算规则;相关最新计价规范;建筑装饰工程工程量清单计价的计算方法;建筑装饰工程投标报价的方法;建筑装饰工程预决算的编制方法;建筑装饰工程消耗量定额 |

通过分析就业岗位的相同元素可以看出,装饰材料与施工工艺课程需要:一是掌握施工材料的选择;二是掌握施工图绘制;三是掌握施工规范和施工工艺;四是掌握验收标准。

2)从"1+X"证书要求来看

目前,"1+X"证书主要面向室内设计职业技能等级证书(中级),涉及本课程的要求见表1.2。

表1.2　"1+X"证书关于本课程的要求(节选)

| 目录 | 子目 | 具体要求 |
| --- | --- | --- |
| 3.方案深化设计 | 3.1 材料设计 | 3.1.1 能对装饰材料进行准确分类;<br>3.1.2 能熟练掌握常用装饰材料与制品的规格、性能特点;<br>3.1.3 能根据设计要求选用装饰材料 |
| | 3.2 色彩设计 | 3.2.1 能熟知室内色彩设计的依据;<br>3.2.2 能根据室内设计的整体氛围合理搭配色彩;<br>3.2.3 能灵活运用色彩的特性 |
| | 3.5 细部构造设计 | 3.5.1 能熟练掌握建筑装饰构造设计原则;<br>3.5.2 能熟练掌握常见装饰界面和构件的材料与构造;<br>3.5.3 能识读与设计常见装饰界面、构件图纸 |
| 5.设计实施 | 5.1 技术交底 | 5.1.1 能对设计图纸进行交底;<br>5.1.2 能辅助工程甲方和施工团队理解设计思路;<br>5.1.3 能辅助财务进行预算管理;<br>5.1.4 能对安全规范进行交底说明 |
| | 5.2 过程管理 | 5.2.1 能使所有施工程序符合国家规范;<br>5.2.2 能把控施工环境满足工艺要求;<br>5.2.3 能按室内装饰工程施工原则对施工流程及顺序进行合理安排;<br>5.2.4 能对施工现场安全进行全面把控 |
| | 5.3 质量检验 | 5.3.1 能掌握室内设计和装饰相关质量规范;<br>5.3.2 能按照设计标准对室内装饰分项工程和分部工程进行检验;<br>5.3.3 能制作隐蔽工程验收记录 |
| | 5.4 竣工管理 | 5.4.1 能做好竣工验收记录及关联资料;<br>5.4.2 能辅助工程费用结算管理;<br>5.4.3 能按照相关规范绘制竣工图 |

　　根据"1+X"证书的要求,课程需要解决以下五个问题:一是能够对材料进行选择和使用;二是能够进行图纸交底;三是能够进行预算管理;四是能安全规范、符合流程地施工;五是能够按照国家规范要求进行验收。

3)从技能竞赛要求来看

　　目前,室内设计技能竞赛主要的考核要求见表1.3。

表 1.3　技能竞赛对本课程的要求

| 赛项名称 | 模块 | | 主要内容 | 比赛时长/h | 分值 |
|---|---|---|---|---|---|
| 建筑装饰数字化施工 | 模块一 | 建筑装饰方案设计 | 以真实项目的设计方案为蓝本,提供设计方案图,指定变更或新增功能空间,让选手完成新增或变更部分的平面规划和空间设计,并完成所有空间的三维建模和效果图渲染的任务。 | 4 | 30% |
| | 模块二 | 建筑装饰施工图深化设计 | 根据模块一的三维信息模型,完成施工图深化设计,包括构造深化设计、部品和部件的加工图设计、关键技术设计等。 | 4 | 35% |
| | 模块三 | 施工项目管理 | 根据模块二的施工图深化设计,完成分项工程量清单编制、工料的分析、三维交底以及施工项目管理等。 | 4 | 35% |

### 4)从教学进程来看

装饰材料与施工工艺课程一般在第 3 学期开设,每周 4 学时。本课程前面开设了素描色彩、三大构成及创意、室内手绘效果图表现技法、建筑制图与识图、Photoshop、CAD、3DMAX、Sketch up、室内设计原理、建筑装饰工程计量与计价等课程,后续课程有毕业设计。一般情况下,与本课程同学期开设的课程有住宅空间设计、餐饮娱乐空间设计、办公空间设计和建筑模型制作等。

本课程是各类空间设计课程的基础,也是学生毕业设计、技能竞赛的基础。从人才培养方案、"1+X"证书、技能竞赛和教学进程来看,需要学生掌握构造、制图、算量和工艺等知识。本课程利用真实施工场景,开展项目化教学,以不同的任务对应到课-证、课-赛,实现人才培养目标。

### 1.1.2　课程教学目标

结合人才培养方案、"1+X"证书要求、课程标准、技能竞赛要求,设定本课程的教学目标如下:

#### 1)知识目标

通过课程学习,从课程整体目标来看,需要学生掌握以下知识:

（1）从建筑室内设计分部分项工程的角度，90%的学生能够准确描述（10%的学生能够描述）出各分部分项（地面、墙面、顶面、水电）工程的常用材料；

（2）90%的学生能够准确描述地面、墙面、顶面、水电工程中不少于3种以上的材料（10%的学生能够描述不少于2种），如地面工程中的实木地板、复合木地板、地砖等，并能基本描述其材料特性；

（3）90%的学生能够描述出地面、墙面、顶面、水电工程中不少于2种以上的施工工艺（10%的学生能够描述1种），如地面石材的干铺法、湿铺法等；

（4）100%的学生能够描述出地面、墙面、顶面、水电施工流程，如地面石材干铺法施工流程；

（5）100%的学生能够掌握地面、墙面、顶面、水电的算量方法和计价方法；

（6）依据企业提供的计量计价要求，结合计量计价的国家规范，90%的学生能够准确描述（10%的学生能够描述）出造价的人机材组成；

（7）依据国家制图规范，100%的学生能够进行构造制图标准的描述，如详图比例、制图规范等；

（8）80%的学生能够描述出延伸出来的知识点，如莫兰迪色系、异型吊顶、软装等（20%的学生能描述1种）。

2）技能目标

（1）通过虚拟仿真实训和现场实训，90%的学生能够正确运用材料、设备，按照施工流程完成地面、墙面、顶面、水电工程施工中不少于2种的施工（10%的学生完成1种施工）；

（2）100%的学生能够按照国家制图规范正确绘制地面、墙面、顶面的构造详图；

（3）70%的学生能够运用所学的材料知识，正确辨别市面上常用的材料，并能基本描述其适用环境，准确率达到85%（30%的学生辨别准确率达到60%）；

（4）80%的学生能够熟练运用（20%的学生能够运用）Photoshop完成室内空间彩色平面图的制作；

（5）通过虚拟仿真实训及课程学习，90%的学生能够根据国家规范完整地填写企业提供的各分部分项工程的工程量清单，并完成造价表的填写。

3）素质目标

（1）教学组织以小组为单位开展，形成小组团队，通过项目任务，培养学生团队意识；

（2）开展线上和线下混合式教学，利用虚拟仿真实训，开展线上学习、仿真实训，培养学生的自主学习能力；

（3）通过地面、墙面、顶面、水电工程的实训，培养学生精益求精、爱岗敬业、革故鼎新、吃苦耐劳的工匠精神；

（4）通过装修材料的学习，在材料的选择和使用中，培养学生"绿色""环保"的理念和勤俭节约的品德；

（5）通过课程学习，培养学生的抗压能力、创新能力；

（6）通过课程培养学生做有理想、有追求、有担当、有作为、有品质、有修养的"六有"大学生。

### 1.1.3　教学重难点设计

#### 1）教学重点

本课程采用线上与线下相结合的混合式教学，要达成教学目标，其重点有以下 5 个方面：

（1）建筑装饰中各分部分项工程（地、墙、顶、水电）常用装饰材料的辨识、材料基本属性与特性的掌握；

（2）建筑装饰中各分部分项工程（地、墙、顶、水电）工艺做法的结构详图的绘制；

（3）各分部分项工程（地、墙、顶、水电）的施工流程，特别是代表性材料，如石地板、艺术漆墙面、石膏板吊顶等；

（4）建筑装饰工程计量与计价，会查询国家规范，能按照企业要求完成各分部分项工程的计量与计价；

（5）学生自主学习能力的激发，学生课前完成各分部分项工程的其他装饰工艺流程、计量计价的学习。

#### 2）教学难点

（1）本课程既有校内情景化教学和"大师工作室"教学，又有施工现场实践教学，两个场所的转换是难点，包括场所转换过程中学生的安全问题等；

（2）在施工现场开展实践教学，学生的安全是难点，如对工具（特别是带电工具）的操作，需要明确操作规范；

（3）在计量、计价、构造详图绘制和施工流程中，国家标准、规范的融入和执行，包括技能竞赛的考核需求、课证融合等；

（4）在整个教学中，石膏板吊顶施工（一级规则型吊顶）因涉及作业面在架子上，所以实践教学中需要注意安全；

（5）水电施工部分，涉及水电的设计、墙面开槽、地面水电管线的敷设、电动工具的使用、消防标准的执行等；

（6）课程的最终考核需要企业师傅到施工现场指导，涉及企业师傅的邀请、考核标准的制定等。

## 任务 1.2　课程项目化介绍

### 1.2.1　项目内容及其分解

**学生基本情况**

| 姓名 | | 性别 | |
|---|---|---|---|
| 专业、班级 | | 联系电话 | |
| 是否分组 | | 所处组别 | |
| 指导老师 | | | |

● 项目简介

1)学习内容分解

本项目主要为教材的理论模块,让学生在进行实践课程学习之前,对课程有一定的前瞻性了解和认知,具备支撑实践的理论知识储备,以便更好地完成实践课程。首先,学生应了解教学计划、学习目标、学习手段等内容,同时建议教师提前准备教学所需工具、材料,对学生进行分组;其次,对材料与构造知识及室内施工设计流程的学习是对后续实践课程学习的理论支撑,属于本课程学习的基础环节。

2)教学地点建议

项目教学建议在校内情景化教学场所、仿真实训中心、大师工作室等地方开展,还可以通过网络远程参观校外真实工作环境。

3)课前自学内容

课前自学内容包括材料、构造与自然表达的视频材料,不同类型材料与构造的关系,以及主要的装饰材料的品种及其特性。课前自学内容包括的知识点:《〈室内设计师〉国家职业标准》、室内设计流程、室内设计专业对应岗位及其职责、室内设计常用装饰材料。学生学习完成后可以进行无纸化理论考核(知识竞赛和仿真实训考核)。

以《〈室内设计师〉国家职业标准》和室内设计流程为例,课前自学内容如图 1.1 所示。

**《室内设计师》国家职业标准**

1.职业概况
1.1 职业名称
室内设计师。
1.2 职业定义
运用物质技术和艺术手段,对建筑物及飞机、车、船等内部空间进行室内环境设计的专业人员。
1.3 职业等级
本职业共设三个等级,分别为:室内设计师(国家职业资格三级)、室内设计师(国家职业资格二级)、室内设计师(国家职业资格一级)。
1.4 职业环境
室内,常温,无尘。
1.5 职业能力特征(见表)

| | 非常重要 | 重要 | 一般 |
|---|---|---|---|
| 学习能力 | √ | | |
| 表达能力 | | √ | |
| 计算能力 | | | |
| 空间感 | √ | | |
| 形象能力 | √ | | |
| 色觉 | √ | | |
| 手指灵活性 | | | √ |

4.2 技能操作(见表)

| 项目 | | 室内装饰设计员(%) | 室内装饰设计师(%) | 高级室内装饰设计师(%) |
|---|---|---|---|---|
| 技能要求 | 设计准备 | 项目功能分析 5 | — | — |
| | | 项目设计草案 20 | — | — |
| | 设计创意 | 设计构思 — | 10 | — |
| | | 功能定位 — | 10 | — |
| | | 创意草图 — | 10 | — |
| | | 设计方案 — | 10 | — |
| | | 总体构思制定 — | — | 20 |
| | 设计定位 | 设计系统总体规划 — | — | 15 |
| | 设计表达 | 方案深化设计 20 | 15 | — |
| | | 细部构造设计与施工图 20 | — | — |
| | | 综合表达 — | 15 | — |
| | | 施工图绘制与审核 — | 15 | — |
| | | 总体规划设计 — | — | 15 |
| | 设计实施 | 施工技术工作 10 | — | — |
| | | 竣工技术工作 10 | — | — |
| | | 竣工与验收 — | 10 | — |
| | | 设计与施工的指导 — | 10 | — |
| | 设计管理 | 组织协调 — | — | 12 |
| | | 设计指导 — | 10 | — |
| | | 总体技术审核 — | — | 8 |
| | | 设计培训 — | — | 10 |
| | | 监督审查 — | — | 10 |
| 合计 | | 100 | 100 | 100 |

图 1.1 《〈室内设计师〉国家职业标准》课前学习部分内容

● **项目执行**

**1)学习目标**

(1)知识目标:

①通过本项目的学习,90%的学生能够知晓课程地位、课程性质、课程主要内容及课程学习目标等内容,80%的学生能够准确描述出学习重点;

②100%的学生能够清楚该课程在培养中的意义;

③通过校内外导师的引导,自主学习,再到真实的工作环境参观,90%的学生能够明确室内设计流程及步骤,每个设计阶段主要的工作内容和对应的岗位及其需求,并能够准确表述出室内设计包括哪些内容。

(2)技能目标:

①90%的学生能够通过教师的指导,具备制订小组及个人学习计划的能力;

②85%的学生能够通过典型案例辨析材料与构造;

③通过学习室内设计程序与步骤,100%的学生能够具备制定室内设计初级方案及施工设计的能力。

(3)素质目标:

①通过本项目的学习,学生能够对课程及自身的学业有正确的规划,树立正确的学习观和人生观;

②通过讲述材料、构造与自然的联系,引导学生爱护自然,尊重自然规律的品质;

③通过学习材料的语义,培养学生发现美的能力及艺术素养。

**2)教学重难点**

(1)教学重点:说课训练;

(2)教学难点:室内装修选材与用料。

3）教学准备

（1）教学硬件：多媒体教室、计算机；

（2）教学软件：虚拟仿真实训平台、WPS及学习平台；

（3）实操设备：各种常用资料。

### 1.2.2　说课训练

1）学习目标

（1）能够清楚本课程的地位和学习方法。

（2）能够清楚本课程的学习内容。

2）建议学时

建议学时为45分钟。

3）课程思政建议

从室内装饰装修的典型案例出发，学生应掌握分析材料及施工的方法，正确规划自己的职业发展，融入社会主义核心价值观，做一个诚信的人，真正做到知行合一。

**思政小案例**

党的十八大提出，积极培育和践行富强、民主、文明、和谐，自由、平等、公正、法治，爱国、敬业、诚信、友善的社会主义核心价值观。富强、民主、文明、和谐是国家层面的价值目标，自由、平等、公正、法治是社会层面的价值取向，爱国、敬业、诚信、友善是公民个人层面的价值准则，这24个字是社会主义核心价值观的基本内容。

4）说课内容

本课程作为建筑室内设计专业学生开设的一门专业必修课，能有效帮助学生将方案从设计阶段转换为成品，同时能够更好地服务好客户、服务好项目。

本课程将内容分为认识装饰与施工工艺课程、楼地面施工、墙面施工、天棚施工、水电施工5个项目，总计17个任务，每个施工工艺任务又分为2个活动，即材料学习和实训操作。

本课程考核方式以过程性考核为主，要求学生在每个项目任务学习后，完成相关目标检测填写。根据各个项目任务的评价结果，确定本课程的总体评价。

课程具体的目标、要求和重难点以项目任务中的具体要求为准。总的教学目标是让学生具有生态文明思想，在安全无事故的前提下，能鉴别建筑装饰的基础材料，能以团队的方式动手完成常用材料的施工安装，能进行施工验收。

本课程的重难点除了各项目任务中的重难点外,还包括实训的准备、组织与实施,学生实训的安全管理。

### 1.2.3  材料及构造

1)学习目标

(1)理解材料及构造的定义,大自然与材料、构造的关系;
(2)了解不同时代的设计风格,并能理解不同设计风格选用不同材料的原因。

2)建议学时

建议学时为 30 分钟。

3)课程思政建议

通过学习材料的定义和材料的多种形态,引导学生打破常规思维局限,学会多角度思考问题。

4)教学内容

(1)材料与构造的定义。从狭义上看,材料是人类用于制造器物、构件、机器或其他产品的物质;从广义上看,材料是构成宇宙的客观存在的物质总称。材料可以是多种形态的。构造即物质结合的方式。宇宙中的各种物质不是孤立存在的,物质之间存在着相互联系。

(2)从人类设计中看材料。设计是指将一种计划、规划、设想、问题的解决办法通过视觉的方式传达出来的活动过程,其目的是满足人们对美好生活的追求。如室内设计,即在建筑物空间内进行空间规划、物品的摆放等,并通过各类图或图纸表达出来的过程。

在不同时期,设计又因背景文化、材料工艺、个体差异、区域差异等原因,对设计的理解不同,形成不同的风格。如崇尚"机械美"的高技派,他们认为设计应该突出当代工业技术成就,并在建筑形体和室内环境设计中加以炫耀,在室内暴露梁板、网架等结构构件的各种设备和管道,强调工艺技术与时代感。再如我国南方的建筑与北方的建筑相比,受使用群体、地形特征、气候条件、文化背景、技术条件、材料特征的不同,南方的建筑相对显得精致、秀气,而北方的建筑显得稳重、粗犷、大气。

不同时代、不同区域的设计,受材料的影响较大,再加上新材料的出现,也会出现不同的新工艺。如居住空间中的墙面装饰,原来采用滚涂进行施工,随着绿色环保的墙漆出现,施工工艺也随着发生变化。由此来看,构造的含义还包含基础构件与附着物之间的连接关系。

### 1.2.4  室内施工设计

1)学习目标

(1)通过网络连线等方式观看真实的企业工作环境,与企业导师交流,明确专业发展对应岗位及其职责；

（2）熟练掌握室内设计的程序与步骤。

2）建议学时

建议学时为120分钟。

3）课程思政建议

通过室内设计和施工流程的相关案例，引入工匠精神和职业精神；通过绿色环保材料的使用案例，引入绿色环保思想，不断引导学生建立生态文明思想。在室内设计概念表述中，室内设计要满足人们物质和精神生活需要的内容，引入党的二十大报告中提到的关于"中国式现代化"的内容。

思政小案例

北京侨福芳草地是中国第一个获得绿色建筑评估体系LEED铂金级认证的综合性商业项目，可以说是把绿色建筑各项技术发挥到了极致，是一座活着的绿色科技堡垒。它利用创新的环保技术以及对建筑材料的合理使用，使得能源使用量为同等规模建筑标准的50%。侨福芳草地将环保理念深入每个细节，首先从外观上，顶部采用ETFE膜材料，结合通透的玻璃幕墙及钢架结构，组成独特的节能环保罩，形成独立的微气候环境，这样不仅做到了冬暖夏凉，也节省了空调系统的能耗。从内在来说，稳定的内部微循环系统，结合楼群VAV冷水吊顶系统和智能BMS系统，可以至少节约60%的能源使用量，最高可节约80%。同时，模块化办公格局的灵活性和兼容性也为租户节省了10%~15%的装修成本。此外，项目的节水设备种类也很多，不仅包括电子水龙头、卫生间节水洁具以及低流量淋浴设施等，雨水过滤后也可循环利用于绿化灌溉，从而提高水利用率。

4）教学内容

（1）室内设计基本概念。室内设计是根据建筑物的使用性质及相应标准等，运用物质技术手段和美学原理，创造功能合理、舒适优美，且满足人们物质和精神生活需要的室内环境。

室内装修可分为硬装和软装两个部分。硬装是指除了必须满足的基础设施（如承重构造等）以外，为了满足房屋的结构、布局、功能、美观需要，添加在建筑物表面或内部的一切装饰物，这些装饰物一般不可移动。软装是指为了满足功能、美观需要，附加在建筑物表面或室内的装饰物、设施与设备。

（2）室内设计包含的内容：

①室内空间组织、调整、再创造，如对原大空间进行分隔、对非承重墙的拆除等。

②室内平面功能分析与布置，如根据人员活动情况，对空间功能进行分析，重新构建功能房间。

③室内采光、照明、隔音、隔热，如对空间功能进行重新划分后，根据功能区的采光需求，以增加人工光等方式增加照明度。

④室内主色调和色彩配置,如根据受众群体的喜好分析,确定室内主色、辅助色、点缀色等。

⑤选定各界面的装饰材料及制作方法,如根据设计需求,选择客厅电视机背景墙材料,确定施工工艺。

⑥协调、改造室内环控、水电设备,如根据功能区的重新布置、水电线管的重新布置与安装。

⑦家具、灯具、绿化、陈设的布置,如根据设计风格、色彩搭配等,选择不同灯具、绿植等。

(3)室内设计流程见表1.4。

表 1.4　室内设计流程

| 阶段 | 内容 |
|---|---|
| 方案设计 | (1)调配与资料收集:通过走访面谈的方式,了解项目状况和客户需求,最好是通过对同类设计的对比,让客户确定一种设计风格;<br>(2)综合分析:整理调查资料,并对其进行条理化、归类性整理,进一步确定客户的需求;<br>(3)定位目标:确定项目的总体目标和分目标,即总体情况和各空间的情况;<br>(4)设计构思:从平面图入手,明确功能布局,解决形式风格问题,思考材料、造价、工艺等因素;<br>(5)构思方案表现:总平图、重点立面图、手绘效果图、3D效果图、意向说明书等;<br>(6)方案修改与客户定稿 |
| 施工设计 | (1)完善方案设计;<br>(2)与各技术专业协调:空调、水电、消防、音响、给排水等工程技术协调;<br>(3)制作施工图:总平面图、顶面图、开关插座布置图、设备管线图、立面图、剖面图、节点详图、大样图、图纸目录;<br>(4)编制预算:考虑人、机、材、进度等编制总预算书、说明书、工艺要求等 |
| 施工监理 | 水电、空调、消防各隐蔽工程;架空天花龙骨结构;天棚工程;墙面工程;重点造型;家具门窗工程;地面工程;天花表面处理;墙面、家具、地面表面处理;照明灯具、开关安装;验收 |

(4)室内装修选料与用料原则:

①服务设计、满足方案的需要。材料的选择要为方案设计服务,同时还要考虑建筑的标准等级、档次和规格。

②善用材料的不同特性。材料一般都有物理特性与化学特性。物理特性包括质量与强度、抗渗性、耐污性、耐水性、导热性、弹性、可塑性、脆性、韧性、耐磨性、耐燃性(表1.5)、耐火性(表1.6)、辐射性、防霉变与防锈蚀性等;化学特性包括耐酸性、耐碱性、耐盐性等。

表1.5  材料防火等级及燃烧特征

| 等级 | 燃烧性能 | 燃烧特征 |
|---|---|---|
| A | 不燃烧 | 在空气中遇明火或高温作用下不起火、不微燃、不炭化 |
| B1 | 难燃烧 | 在空气中遇明火或高温作用时难起火、难微燃、难炭化,无火源时停止燃烧 |
| B2 | 可燃烧 | 在空气中遇明火或高温作用下立即起火、微燃,且移走火源仍继续燃烧 |
| B3 | 易燃烧 | 在空气中遇明火或高温作用下立即起火、迅速燃烧,移走火源仍继续燃烧,且会助长火势蔓延 |

表1.6  各类别材料防火等级

| 材料类别 | 级别 | 材料举例 |
|---|---|---|
| 各部位材料 | A | 花岗石、大理石、水磨石、水泥制品、混凝土制品、石膏板、石灰制品、黏土制品、玻璃、瓷砖、马赛克、钢铁、合金等 |
| 顶棚材料 | B1 | 纸面石膏板、纤维石膏板、水泥刨花板、矿棉吸音板、玻璃棉装饰吸音板、珍珠装饰吸音板、难燃胶合板、难燃中密度纤维板、岩棉装饰板、难燃木材、铝箔复合材料、难燃酚醛胶合板、铝箔玻璃钢复合材料等 |
| 墙面材料 | B1 | 纸面石膏板、纤维石膏板、水泥刨花板、矿棉板、玻璃棉板、珍珠岩板、难燃胶合板、难燃中密度纤维板、防火塑料装饰板、难燃双面刨花板、多彩涂料、难燃玻璃钢平板、PVC塑料护墙板、轻质高强复合墙板、阻燃模压木质复合板材、彩色阻燃人造板、难燃玻璃钢等 |
| | B2 | 天然木材、木制人造板、竹材、纸制装饰板、装饰微薄木贴面板、印刷木纹人造板、塑料贴面装饰板、聚酯装饰板、复塑装饰板、塑纤板、胶合板、塑料壁纸、无纺墙布、墙布、复合壁纸、天然材料壁纸、人造革等 |
| 地面材料 | B1 | PVC塑料地板、水泥刨花板、水泥木丝板、氯丁橡胶地板等 |
| | B2 | 半硬质PVC塑料地板、PVC卷材地板、木地板、氯纶地毯等 |
| 织物 | B1 | 阻燃处理的难燃织物等 |
| | B2 | 纯毛装饰布、纯麻装饰布等 |
| 其他 | B1 | 聚氯乙烯塑料、酚醛塑料、聚碳酸酯塑料、聚四氟乙烯塑料、三聚氰胺、硅树脂塑料装饰型材、经阻燃处理的织物等 |
| | B2 | 经阻燃处理的聚乙烯、聚丙烯、聚氨酯、聚苯乙烯、玻璃钢、化纤织物、木制品等 |

　　(5)材料的选用原则。室内装修的主要污染物是甲醛、苯、氨、挥发性有机物、放射性有机物、氡等。在室内设计装修装饰材料的选用中应该选择无毒无害或低毒材料,同时要考虑选用减少资源消耗、能源消耗的材料,可降解、可循环利用的材料,减少垃圾产生。从便于后期使用与维护等方面出发,在同样效果的前提下,应选择相对简洁、省材的制作工艺,减少施工

中造成的材料浪费。如薄贴法工艺与传统瓷砖工艺相比更节省材料。

5）学习过程

（1）请对室内设计进行描述。

_____

_____

_____

_____

（2）请阐述设计风格与材料之间的关系。

_____

_____

_____

_____

_____

（3）请描述室内设计程序。

_____

_____

_____

_____

_____

（4）请描述装修材料选用的原则。

_____

_____

_____

_____

6) 项目评价标准

项目评价标准见表1.7。

表1.7　项目评价表

| 工作流程 | 分值 | 项目 | 自评扣分<br>(A、B、C、D) | 小组评扣分<br>(A、B、C、D) | 教师评扣分<br>(A、B、C、D) |
|---|---|---|---|---|---|
| 课前 | 5 | 学生到课情况,学习材料及学习用具准备情况 | | | |
| | 5 | 信息化学习设备下载情况 | | | |
| | 5 | 学生按照3~5人为单位进行分组 | | | |
| 课中 | 10 | 能够正确描述出课程性质、课程定位、课程目标及主要内容、课程重难点及课程实施过程等与课程相关的内容 | | | |
| | 5 | 学生课堂表现良好(无玩手机、打瞌睡的情况等),认真学习知识、积极回答问题 | | | |
| | 5 | 学生课堂内积极参与小组或课堂讨论,并能分享讨论结果 | | | |
| | 10 | 学生能够正确理解室内设计流程 | | | |
| | 10 | 学生能够正确阐述室内装修设计界面材料的分类 | | | |
| | 10 | 学生能够正确描述出室内装修材料的选择原则 | | | |
| | 10 | 学生具备正确的学习观,课堂上保持良好的卫生习惯,课后认真完成教室清洁任务 | | | |
| | 10 | 学生能够从生态文明的角度阐述室内装修材料的选用 | | | |
| 课后 | 5 | 学生完成课程学习内容,且成果科学、合理,符合学情和教学计划 | | | |
| | 5 | 课后各小组及成员学习的积极性、日常行为的违纪违规率 | | | |
| | 5 | 小组任务、成果展示互评 | | | |

注:A级,完成任务质量达到该项目的90%~100%;B级,完成任务质量达到该项目的80%~89%;C级,完成任务质量达到该项目的60%~79%;D级,完成任务质量小于该项目的60%。总分按各级最高等级计算。

## 任务1.3 课程课时分配

项目课时分配见表1.8和表1.9。

表1.8 认识课程项目课时设计表

| 项目 | 任务名称 | 学习内容（涵盖知识点、能力点） | 学时数 |
|---|---|---|---|
| 认识装饰材料与施工工艺课程 | 课程说课 | 通过装饰材料与施工工艺课程说课,学生掌握构造、制图、算量和工艺做法,利用真实施工场景,开展项目化教学,是学生毕业设计、技能赛的基础,同时与"1+X"证书、技能赛、岗位对接;学生具有综合知识的认知,该课程与岗位的对接认知能力 | 1 |
| | 材料及构造 | 通过学习装饰材料及材料构造的理论知识,讲解自然、材料、构造、人类的关系,让学生具有材料构造专业知识的认知能力 | 1 |
| | 室内施工设计 | 通过学习室内施工设计中的工艺做法、室内设计程序与步骤、室内施工设计原则与方法探析,让学生关注新型材料与工艺,提高学生技能实操动手能力 | 2 |
| 合计 | | | 4 |

表1.9 施工项目课时设计表

| 项目名称 | 任务名称 | 学习目标 | 展示的重点 | 学时数 |
|---|---|---|---|---|
| 楼地面施工项目 | 石材地面 | 能够叙述出不同石材的基本特点;掌握石材地面的施工流程;能够正确识读构造详图,完成石材地面的铺装;能够进行铺装工程验收 | 石材地面的施工工艺做法 | 4 |
| | 陶瓷砖地面 | 能够叙述陶瓷砖的分类;掌握陶瓷砖地面的施工流程;能够正确识读构造详图;正确使用工具,完成陶瓷地面的铺装;能够进行铺装工程验收 | 陶瓷砖地面的施工工艺做法 | 4 |
| | 木地板地面 | 能够叙述出不同木地板的基本特点;掌握木地板的施工流程;能叙述出木地板施工过程中的注意事项;正确识读木地板构造详图;正确使用工具,完成木地板的铺装;能够进行铺装工程验收 | 木地板地面的施工工艺做法 | 4 |
| | PVC地板地面 | 能够叙述出PVC材料的基本特点;掌握PVC地板的施工流程;能够正确识读PVC地板构造详图;正确使用工具,进行PVC地板的铺装;能够进行铺装工程验收 | PVC地板的施工工艺做法 | 4 |

续表

| 项目名称 | 任务名称 | 学习目标 | 展示的重点 | 学时数 |
|---|---|---|---|---|
| 墙面施工项目 | 涂料工程 | 能够叙述出常见的涂料种类;掌握乳胶漆与真石漆施工工艺流程;能够准确识别乳胶漆及真石漆等常见涂料;正确使用工具,完成常见涂料(乳胶漆与真石漆)的施工;能够进行涂料工程验收 | 墙面涂料的施工工艺做法 | 4 |
| | 墙纸、墙布装饰工程 | 能够叙述出墙纸分类及其特征;掌握墙纸、墙布装饰工程流程;能够深入解读墙纸、墙布装饰的基本构造;正确使用工具,完成墙纸、墙布装饰的施工;能够进行墙纸、墙布装饰工程验收 | 墙纸、墙布的施工工艺做法 | 4 |
| | 软包墙面工程 | 能够叙述出什么是软包工程;掌握软包墙面的施工流程;正确识读墙面软包人造皮革构造详图;正确使用工具,完成软包墙面的施工;能够进行软包工程验收 | 软包墙面的施工工艺做法 | 4 |
| | 石材墙面干挂装饰工程 | 能够叙述出不同石材的基本特点;掌握石材墙面干挂装饰工程的施工流程;正确识读石材墙面干挂装饰构造详图;正确使用工具,完成石材墙面干挂装饰的施工;能够进行石材墙面干挂装饰工程验收 | 石材墙面的施工工艺做法 | 4 |
| | 墙砖铺贴工程 | 能够叙述出贴面类墙面贴面材料包括的材料;掌握墙砖铺贴施工流程;正确识读墙面砖贴面构造详图;正确使用工具,完成墙砖铺贴;能够进行墙砖铺贴工程验收 | 墙砖铺贴的施工工艺做法 | 4 |
| 顶面施工项目 | 轻钢龙骨石膏板吊顶 | 能够叙述出石膏板材料的基本规格及特性;掌握石膏板吊顶的施工流程;正确识读轻钢龙骨石膏板吊顶构造详图;正确使用工具,完成顶面石膏板吊顶施工;能够进行吊顶工程验收 | 轻钢龙骨石膏板吊顶的施工工艺做法 | 4 |
| | 铝扣板吊顶 | 能够叙述出铝扣板吊顶应准备哪些材料;掌握铝扣板吊顶的施工流程;能够正确识读铝扣板吊顶构造详图;正确使用工具,完成顶面铝扣板吊顶施工;能够进行铝扣板吊顶工程验收 | 铝扣板吊顶的施工工艺做法 | 4 |
| | 铝方通格栅吊顶 | 能够叙述出铝方通格栅吊顶应准备哪些材料;掌握铝方通格栅吊顶的施工流程的学习;正确识读铝方通格栅吊顶构造详图;正确使用工具,完成顶面铝方通格栅吊顶施工;能够进行铝方通格栅吊顶工程验收 | 铝方通格栅吊顶的施工工艺做法 | 4 |

续表

| 项目名称 | 任务名称 | 学习目标 | 展示的重点 | 学时数 |
|---|---|---|---|---|
| 水电施工项目 | 电路工程施工 | 能够叙述出强电和弱电的基本特点、安装形式;了解电线电缆、电气配管、开关与插座等相关材料;掌握电路工程的施工流程;能够正确使用工具,完成电路施工;能够完成灯具安装,配管安装,开关、插座安装;能够进行电路工程验收 | 电路工程的施工工艺做法 | 4 |
| | 水路工程施工 | 能够叙述出给水和排水的概念、给排水工程的安装形式;了解给排水管、配水附件、卫浴洁具等相关材料;掌握水路工程的施工流程;能够正确使用工具,完成水路施工;能够完成给排水管安装、配水附件安装、卫浴洁具等安装;能够进行水路工程验收 | 水路工程的施工工艺做法 | 4 |

## 项目 1 目标检测

**一、选择题**

1.关于室内设计描述错误的是(　　)。

A.室内设计是解决空间重构问题

B.室内设计是解决使用舒适度问题

C.室内设计不用考虑材料的情况

D.装修工艺对室内设计的实现起到很关键的作用

2.关于室内设计的流程说法正确的是(　　)。

A.方案设计—施工设计—施工组织—成品验收

B.方案设计—施工组织—施工设计—成品验收

C.方案设计—施工组织—成品验收—施工设计

D.施工设计—施工组织—成品验收—方案设计

3.关于装修材料燃烧性能等级描述不正确的是(　　)。

A.不燃烧 A 级材料,在空气中遇明火或高温作用下不起火、不微燃、不炭化

B.难燃烧 B1 级材料,在空气中遇明火或高温作用下难起火、难微燃、难炭化

C.可燃烧 B2 级材料,在空气中遇明火或高温作用下立即起火、微燃

D.易燃烧 B3 级材料,在空气中遇明火或高温作用下立即起火、并迅速燃烧,不会助长火势蔓延

4.关于室内装修材料选用描述正确的是(　　)。

A.在材料选用时只重视设计方案的表达,不用考虑其他因素

B.在材料选用时要考虑建筑物的类别、材料的物理性能、防火性能、绿色环保性、经济性、

简洁性、设计方案的可实现性等因素

  C. 在材料选用时只用考虑材料的防火性能

  D. 在材料选用时只用考虑材料的美观性

  5. 从生态文明的角度出发,在室内装修材料的选择方面,下列描述正确的是(　　)。

  A. 在室内装修材料的选择中应该注重材料的绿色环保性能,包括无毒无害或低毒材料,可减少资源、能源消耗的材料,可降解、可循环使用的材料

  B. 在室内装修材料的选择中应该注重材料的绿色环保性能,主要选用无毒无害或低毒材料的材料

  C. 在室内装修材料的选择中应该注重材料的绿色环保性能,主要选用可减少资源、能源消耗的材料,可降解、可循环使用的材料

  D. 在室内装修材料的选择中应该注重材料的绿色环保性能,主要选用可降解、可循环使用的材料

  6. 对施工工艺描述正确的是(　　)。

  A. 施工工艺对于设计方案的表现无参考价值

  B. 熟悉施工工艺能有效促进方案设计和成本控制

  C. 材料的不断更新换代对施工工艺的研发无促进作用

  D. 施工工艺不用根据材料进行不断更新

**二、简答题**

1. 谈谈你对室内设计的理解。

_____

_____

_____

_____

_____

2. 如果你成为设计师,你如何践行生态文明思想?

_____

_____

_____

_____

_____

# 项目 2　楼地面施工

1）学习内容分解

楼地面施工项目分为 4 个任务,分别是石材地面施工工艺、陶瓷砖地面施工工艺、木地板地面施工工艺、PVC 地板地面施工工艺。

2）教学地点建议

教学地点建议在校内情景化教学场所、虚拟仿真实训中心、校外真实施工现场。

3）课前自学

课前自学的内容:石材地面施工部分包括带玻璃地面铺贴、地胶地板铺贴、地砖铺贴(普通地面)、环氧水磨石地坪、木地板铺贴、水泥自流平施工工艺等。

课前自学内容包括的知识点:国家施工规范、作业指导书和技术交底、三维施工详图、仿真视频学习。

学生完成本项目学习后可以进行无纸化理论考核和仿真实训考核。

视频来源于《中望家装工程施工虚拟仿真软件》,配套本书教学使用

## 任务 2.1 石材地面施工工艺

### 学习目标

1) 知识目标

(1) 能够叙述出不同石材的基本特点;

(2) 正确叙述出石材地面的施工流程;

(3) 能叙述出施工过程中的注意事项。

2) 技能目标

(1) 能够正确读识构造详图;

(2) 正确使用工具,完成石材地面的铺装;

(3) 能够进行铺装工程验收。

3) 素质目标

(1) 提升自主学习能力;

(2) 培养科学、严谨的态度。

### 教学重难点

(1) 教学重点:正确使用工具完成石材地面实训。

(2) 教学难点:石材地面实训项目的安排、组织和实施。

### 教学准备

(1) 教学硬件:多媒体教室、计算机;

(2) 教学软件:虚拟仿真实训平台、CAD;

(3) 实操设备:卷尺、红外线测距仪、水平尺、细鱼线、墨斗、红外水平仪、抹灰刀、砖缝卡扣、安全帽、灰桶、铁锹、手套、胶锤;

(4) 实操材料:水泥、细砂、瓷砖黏结剂、美缝胶、300mm×300mm 或 600mm×600mm 规格石材地砖(如莱姆石)。

### 活动一 地面石材学习

### 学习目标

(1) 叙述地面石材的分类,并能简单列举相关石材;

(2) 叙述某种石材的特性和使用范围。

🔖 建议学时

建议学时为 45 分钟。

✏ 课程思政建议

通过学习石材的分类,分析天然石材开采对生态造成的影响,引入"绿水青山就是金山银山"的理念,不断引导学生在生活学习及今后的工作中,积极践行习近平生态文明思想,使用可持续、可重复使用的材料。

思政小案例

中国××集团有限公司下属×××矿业有限责任公司在没有办理露天开采采矿证和环境评估手续的情况下,违法在×××矿区进行大规模露天开采活动。为规避监管,该公司借地下矿山采空区事故隐患治理之机,编制"采空区治理方案",将已经违法实施的露天开采包装成采空区治理,长期无证开采。以前的小规模地质塌陷,变成现在的露天大范围破坏,恢复治理变成了"开膛破肚"。该典型案例对环境造成了极大的破坏。

🔲 学习过程

(1) 天然石材的分类有哪些?

_____

_____

_____

_____

_____

(2) 天然石材中大理石属于哪一分类? 其特点是什么?

_____

_____

_____

_____

_____

(3) 人造石材按照原材料分为哪几类?

_____

_____

_____

_____

_____

## 活动二　石材地面铺装

☺ **学习目标**

(1)正确识读石材地面构造详图;

(2)叙述石材地面的施工流程;

(3)正确使用工具完成石材地面铺设实训。

☝ **建议学时**

建议学时为135分钟。

✎ **课程思政建议**

通过石材地面铺设实训,以大国工匠事迹为具体案例,融入精益求精的品质追求,不断塑造学生的工匠精神、职业精神。

**思政小案例**

万世工人祖,千秋艺者师——鲁班

鲁班出生于春秋时期鲁国的一个工匠世家,年幼时就展现出对土木建筑的兴趣。不同于同龄人埋头苦读,小鲁班每天都花很多时间摆弄树枝、砖石等小玩意儿。左邻右舍都认为他不学无术,没有出息。但是鲁班的母亲非常支持他,她鼓励鲁班从生活中汲取知识,在实践中发展才干,做自己喜欢的事情。

正因为母亲的大力支持,鲁班从贪玩的孩子成长为一名优秀的建筑工匠。然而,年少养成的习惯使他并不安于成为一名普通木匠,而是非常留心观察日常生活,在实践中获得灵感,不断改进、创新自己的工艺和工具。

一次,他在爬山时被边缘长着锋利细齿的山草划破了手指,想到自己砍伐木料时,常因为斧子不够锋利而苦恼,心中顿时一亮。他请铁匠照草叶的边缘打造了一把带齿的铁片,又做了个木框使铁片变得更直更硬,由此打造了一把锯木的好工具——就是后世使用的锯子。不仅如此,鲁班还发明了墨斗、石磨、锁钥等工具,是名副其实的大发明家。

日复一日的劳作使他练就了善于发现的眼睛,自我提升的要求使他养成了不断创新的思想,而精益求精的钻研使他成为建筑行业的先师,广为后世称道。鲁班的事迹也凝结为以爱岗敬业、刻苦钻研、勇于创新等品质为内核的"鲁班精神",成为世代工匠追求的自我修养。

🗂 **学习过程**

(1)识图:石材地面构造如图2.1所示。

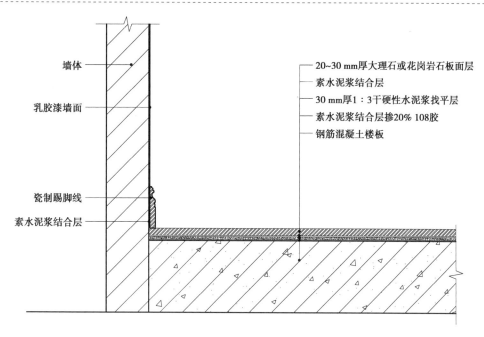

图2.1 石材地面构造

（2）石材地面施工。石材地面施工流程及其内容见表2.1。

表2.1 石材地面施工流程及其内容

| 流程 | 内容 |
| --- | --- |
| 工具准备 | 卷尺、红外线测距仪、水平尺、细鱼线、墨斗、红外水平仪、抹灰刀、砖缝卡扣、安全帽、灰桶、铁锹、手套、胶锤、切割机、角尺、石材（800 mm×800 mm） |
| 安全教育 | 1. 电动工具的使用安全教育；<br>2. 正确使用安全设施；<br>3. 实操过程中的安全问题；<br>4. 环境场地中的安全问题 |
| 施工准备 | 1. 检查施工现场，重点对预埋线管、场地干燥情况、场地平整度等进行检查；<br>2. 对施工石材进行检查，重点对拼花、颜色、碎裂等进行检查；<br>3. 对施工辅材进行检查，重点对砂、水泥等进行保质期、质量检查 |
| 基层处理 | 1. 对基层进行清理、打扫；<br>2. 并对基层表面进行洒水湿润。 |
| 定标高并放线 | 1. 以地面中心点标高确定平面标高，注意各个空间的标高一致性；<br>2. 以 30～40 mm 为结合层（找平层）厚度和 10～15 mm 水泥砂浆结合层为标准，在墙上弹线 |
| 试铺及石材处理 | 1. 如有拼花的石材地面需进行试铺，根据试铺结果编写编号；<br>2. 石材背面浇水码放备用，石材背面刷涂界面剂 |
| 找平层处理 | 1. 按照 1：4～1：3 的水泥和砂配比，配置并搅拌均匀；<br>2. 按照 10～15 mm 厚度，从里向外进行摊铺，然后用大杠刮平、拍实 |

续表

| 流程 | 内容 |
|---|---|
| 铺贴 | 1. 检查找平层是否平整,并浇撒一层水灰比为 0.4~0.5 的水泥浆; <br> 2. 调配结合层素水泥砂浆,水泥和瓷砖黏合剂比例为 4:1; <br> 3. 石材背面上浆,边缘处向内倾斜 45°,对准纵横缝,用水平尺找平,用橡皮锤或振动锤振实; <br> 4. 在铺贴第二块时,加上砖缝卡扣 |
| 勾缝及养护 | 1. 铺贴完 2~3 h 后,使用美缝剂进行勾缝; <br> 2. 24 h 后,可以适当进行洒水; <br> 3. 面层铺塑料薄膜或彩条布,进行防护 |
| 安装踢脚板 | 1. 清理墙面,切割踢脚板; <br> 2. 从墙面两端进行预安装,从踢脚板上方在墙面弹高度线; <br> 3. 依次对踢脚板上浆并安装; <br> 4. 24 h 后用同色水泥浆擦缝 |

(3)写出石材地面铺贴流程。

_____

_____

_____

_____

(4)写出石材地面产生空鼓的原因。

_____

_____

_____

_____

(5)写出石材地面铺装注意事项。

_____

_____

_____

👍 **操作标准**

各项操作的评分标准见表 2.2。

表 2.2  石材地面施工各项操作的评分标准

| 程序 | 规范项目 | 分值 | 评分标准 | 扣分 | 得分 |
|------|---------|------|---------|------|------|
| 操作前准备 | 1. 正确佩戴安全帽、手套等安全装备 | 5 | 佩戴错误或不佩戴扣 5 分 | | |
| | 2. 认真参加进场前安全教育 | 5 | 未参加安全教育扣 5 分 | | |
| | 3. 检查工具仪器设备 | 3 | 未检查工具仪器设备扣 3 分 | | |
| | 4. 检查材料 | 2 | 未进行材料检查扣 2 分 | | |
| 操作流程 | 1. 以小组为单位,对工作内容进行分工 | 3 | 未进行小组分工,扣 2 分 | | |
| | 2. 地面清理干净、洒水湿润 | 5 | 未进行地面清理和洒水湿润扣 3 分 | | |
| | 3. 定标高并放线 | 10 | 未进行地面中心点确定扣 2 分;未进行找平层墙面弹线扣 5 分;墙面弹线高度错误扣 3 分 | | |
| | 4. 试铺及石材背面处理 | 5 | 未进行试铺扣 2 分;未进行石材背面处理扣 3 分 | | |
| | 5. 找平层处理 | 10 | 找平层配比错误扣 5 分;找平层摊铺不平整扣 5 分 | | |
| | 6. 铺贴 | 10 | 素水泥浆调配比例不正确扣 5 分;地砖背面上浆不均匀扣 3 分;卡扣未安装扣 1 分;铺贴未进行平整度修正扣 1 分 | | |
| | 7. 勾缝及养护 | 5 | 勾缝剂的颜色选择不一致扣 3 分,勾缝不平整均匀扣 2 分 | | |
| | 8. 安装踢脚板 | 5 | 未清理墙面扣 2 分;未进行墙面弹线扣 2 分;踢脚板背面上浆不满扣 1 分 | | |

续表

| 程序 | 规范项目 | 分值 | 评分标准 | 扣分 | 得分 |
|---|---|---|---|---|---|
| 操作后评价 | 1.按照操作流程规范、安全进行操作 | 2 | 操作不规范扣2分 | | |
| | 2.与团队成员沟通顺畅 | 2 | 未与团队成员有效沟通扣2分 | | |
| | 3.铺贴是否存在空鼓现象 | 10 | 发现可能造成空鼓的现象扣2分 | | |
| 回答问题 | 1.目的<br>(1)正确使用工具设备<br>(2)正确理解石材的使用场所<br>(3)正确理解石材的基本特性<br>2.注意事项<br>(1)安全注意事项<br>(2)工具使用方法正确 | 18 | 根据实际情况,发现有问题每项扣2分 | | |

任务2.1 评价标准

| 工作流程 | 分值 | 任务内容 | 自评扣分(A、B、C、D) | 小组评扣分(A、B、C、D) | 教师评扣分(A、B、C、D) |
|---|---|---|---|---|---|
| 用物准备 | 5 | 正确准备所用学习、实训设备,无漏项 | | | |
| | 5 | 认真参加安全教育 | | | |
| 地面石材学习 | 10 | 课前学习石材的相关知识 | | | |
| | 5 | 认真填写学习过程内容 | | | |
| | 2 | 课上同老师进行交流互动 | | | |
| 石材地面铺装 | 3 | 用物准备正确,无漏项 | | | |
| | 5 | 认真识读制图规范 | | | |
| | 5 | 完成地面清理、湿润 | | | |
| | 5 | 确定标高并完成放线 | | | |
| | 5 | 进行试铺和石材背面处理 | | | |
| | 5 | 找平层材料配置和摊铺 | | | |
| | 10 | 素水泥浆配置和石材上浆铺贴,无空鼓情况 | | | |
| | 5 | 进行勾缝和养护 | | | |
| | 5 | 安装踢脚板 | | | |

续表

| 工作流程 | 分值 | 任务内容 | 自评扣分<br>(A、B、C、D) | 小组评扣分<br>(A、B、C、D) | 教师评扣分<br>(A、B、C、D) |
|---|---|---|---|---|---|
| 学习能力 | 5 | 按时完成 | | | |
| | 5 | 团队合作 | | | |
| | 5 | 精益求精 | | | |
| | 5 | 知识运用 | | | |
| | 5 | 操作熟练流畅,无事故 | | | |

注:A 级,完成任务质量达到该项目的 90% ~100%;B 级,完成任务质量达到该项目的 80% ~89%;C 级,完成任务质量达到该项目的 60% ~79%;D 级,完成任务质量小于该项目的 60%。总分按各级最高等级计算。

## 任务 2.1 目标检测

### 一、选择题

1. 大理石是天然石材中(　　　)的一种。

A. 岩浆岩　　　　　　B. 沉积岩　　　　　　C. 变质岩　　　　　　D. 页岩

2. 岩浆岩中除安山岩、玄武岩外,还包括(　　　)。

A. 花岗岩　　　　　　B. 砂岩　　　　　　C. 石灰岩　　　　　　D. 片岩

3. 下列关于大理石特性描述中不正确的是(　　　)。

A. 物理稳定,组织缜密,表面不起毛边,不变形

B. 颗粒细腻均匀,颜色众多

C. 质地比花岗石软,属于中硬度石材,有较高的抗压度

D. 任何大理石都可以作为地面石材使用

4. 关于人造石材,下列说法错误的是(　　　)。

A. 人造石材按照使用原材料可分为水泥型、树脂型、复合型、烧结型人造石材

B. 人造石材因容量较天然石材小,可以降低建筑物重量

C. 人造石材较之天然石材耐酸

D. 人造石材不可以代替天然石材

5. 人民英雄纪念碑用的汉白玉属于(　　　)。

A. 大理石　　　　　　B. 花岗石　　　　　　C. 石灰岩　　　　　　D. 变质岩

6. 地面石材铺贴关于找平层的说法中,错误的是(　　　)。

A. 找平层配比按照 1∶4 ~1∶3 的水泥和砂配比

B. 找平层的干湿程度为"握手成团,落地开花"

C. 找平层按照 10 ~15 mm 厚度,从里向外进行摊铺,然后用大杠刮平、拍实

D. 找平层可以按照从外向里的顺序进行摊铺

7.下列关于影响地板空鼓的原因描述不正确的是(　　)。

A.基层处理不干净,找平层摊铺不均匀

B.上人过早对空鼓的产生没有影响

C.石材背面未处理干净,且未浸水

D.结合层上浆不均匀

二、简答题

在地面石材选择上,作为设计师需要关注哪些内容?

_____

_____

_____

_____

# 任务2.2　陶瓷砖地面施工工艺

🗋 学习目标

1)知识目标

(1)能够叙述陶瓷砖的分类;

(2)正确叙述陶瓷砖地面的施工流程;

(3)能叙述施工过程中的注意事项。

2)技能目标

(1)能够正确读识构造详图;

(2)正确使用工具,完成陶瓷地面的铺装;

(3)能够进行铺装工程验收。

3)素质目标

(1)提升自主学习能力;

(2)培养科学、严谨的学习态度。

✍ 教学重难点

(1)教学重点:正确使用工具完成陶瓷地面实训。

(2)教学难点:陶瓷砖地面实训项目的安排、组织和实施。

### 教学准备

（1）教学硬件：多媒体教室、计算机；

（2）教学软件：虚拟仿真实训平台、CAD；

（3）实操设备：卷尺、红外线测距仪、水平尺、细鱼线、墨斗、红外水平仪、抹灰刀、砖缝卡扣、安全帽、灰桶、铁锹、手套、胶锤；

（4）实操材料：水泥、细砂、瓷砖黏结剂、美缝胶、陶瓷砖。

## 活动一　陶瓷砖材料学习

### 学习目标

（1）能够叙述陶瓷砖的分类，并能简单列举其他地面石材；

（2）能够叙述陶瓷砖的特性和使用范围。

### 建议学时

建议学时为 45 分钟。

### 课程思政建议

通过学习陶瓷砖的成型原理（烧结砖），延伸出烧结工艺的另外典型案例——紫砂陶，引入对传统工艺品的介绍。通过对传统工艺品的介绍，延伸到我国建筑装饰工程对陶瓷砖的使用，学生可增强文化自信。

**思政小案例**

紫砂壶是中国特有的手工制造陶土工艺品，其制作始于明朝正德年间，制作原料为紫砂泥，原产地在江苏宜兴丁蜀镇。明武宗正德年间紫砂开始制成壶，之后名家辈出，五百年间不断有精品传世。据说紫砂壶的创始人是中国明朝的供春。从明正德嘉靖年间供春的树瘿壶、六瓣圆囊壶，到季汉生创意设计、曹安祥制作的同时能泡两种茶水的紫砂鸳鸯茶器——中华龙壶，再到佛门紫砂艺术家延芫制作的法乳壶，每一把壶都独具匠心，在壶的欣赏性上下足工夫。因为有了艺术性和实用性的结合，紫砂壶才弥足珍贵，令人回味无穷。再加上紫砂壶泡茶的好处和茶禅一味的文化气息，更增加了紫砂壶高贵不俗的雅韵。紫砂壶在拍卖市场行情看涨，是具有收藏价值的"古董"，名家大师的作品往往一壶难求，正所谓"人间珠宝何足取，宜兴紫砂最要得"。作为中国传统的工艺，陶瓷砖在装饰工程中也被广泛应用，是对中华优秀传统文化的传承和发扬。

### 学习过程

（1）请描述陶瓷砖的分类。

_____

_____

（2）陶瓷砖的特点有哪些？

（3）描述陶瓷砖的成型原理。

（4）描述常用的建筑装饰陶瓷,并重点描述卫生间陶瓷砖的特点。

（5）列举在中国传统建筑装饰中使用陶瓷砖的案例。

## 活动二　陶瓷砖铺装

☺ 学习目标

(1)正确识读陶瓷砖地面构造详图;

(2)叙述陶瓷砖地面的施工流程;

(3)正确使用工具完成陶瓷砖地面铺设实训。

☝ 建议学时

建议学时为 135 分钟。

✎ 课程思政建议

通过陶瓷砖地面铺设实训,以大国工匠事迹为具体案例,融入精益求精的品质追求,不断塑造学生的工匠精神、职业精神。

思政小案例

"95 后"邹彬——"砌"出来的"大国工匠"

"95 后"邹彬是来自中国建筑第五工程局的一名新时代的"大国工匠"。他曾代表中国在世界技能大赛中夺得金牌,并以优秀的新时代青年形象,被共青团中央授予"全国向上向善好青年"称号。

邹彬从小跟随父母来到建筑工地,看到父亲和工友们挥汗如雨、辛勤劳作的场景,他早早地感受到了劳动的艰辛与光荣。初中毕业后,他选择进入一所技校学习建筑技能,并在学习过程中不断钻研、探索,逐渐展现出了过人的技能水平。在参加世界技能大赛前,邹彬经过层层选拔和长时间的刻苦训练。他克服重重困难,不断超越自我,最终凭借精湛的技艺和稳定的心态,夺得世界技能大赛砌筑项目的金牌,为中国赢得了荣誉。成为"大国工匠"后,邹彬并没有停下前进的脚步,他积极参与各种技能交流和培训活动,将自己的经验和技能毫无保留地传授给更多的人。他还经常深入学校、企业和社区,向广大青年宣传技能成才的理念,鼓励他们掌握一技之长,为社会作出更大的贡献。

在邹彬的身上,我们看到了新时代青年勇于担当、拼搏进取的精神风貌。他用自己的实际行动证明,只有勤奋努力、坚持不懈,才能够实现自己的人生价值和社会价值。我们也相信,在邹彬这样的优秀青年的带领下,我们的国家和民族一定会迎来更加美好的未来。

☐ 学习过程

(1)识图:陶瓷砖地面构造如图 2.2 所示。

(2)陶瓷砖地面施工。陶瓷砖地面施工流程及其内容见表 2.3。

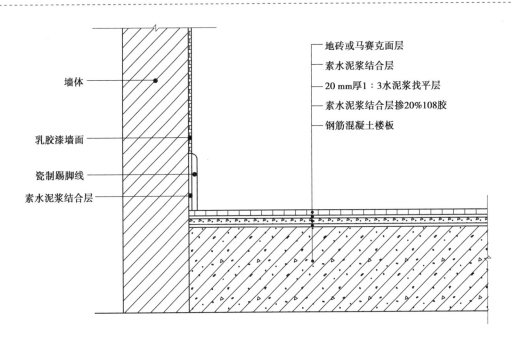

墙体

乳胶漆墙面

瓷制踢脚线

素水泥浆结合层

地砖或马赛克面层

素水泥浆结合层

20 mm厚1:3水泥浆找平层

素水泥浆结合层掺20%108胶

钢筋混凝土楼板

图 2.2　陶瓷砖地面构造

表 2.3　陶瓷砖地面施工流程及其内容

| 流程 | 内容 |
|---|---|
| 工具准备 | 卷尺、红外线测距仪、水平尺、细鱼线、墨斗、红外水平仪、抹灰刀、砖缝卡扣、安全帽、灰桶、铁锹、手套、胶锤、切割机、角尺、陶瓷砖 |
| 安全教育 | 1. 电动工具的使用安全教育;<br>2. 正确使用安全设施;<br>3. 实操过程中的安全问题;<br>4. 环境场地中的安全问题 |
| 施工准备 | 1. 检查施工现场:防水已经做过闭水试验且通过验收,墙、顶、管线、埋件已经施工安装完成并通过验收;<br>2. 对陶瓷进行检查,重点对拼花、颜色、碎裂等进行检查;<br>3. 对陶瓷砖背面进行清理,并对其进行浸透、晾干;<br>4. 对施工辅材进行检查,重点对砂、水泥等进行保质期和质量检查;<br>5. 封堵洞口 |
| 基层处理 | 1. 对基层进行凿毛处理,深度为 5 ~ 10 mm,间距为 30 mm 左右;<br>2. 对基层进行清理、打扫、洒水;<br>3. 对基层进行水灰比为 1:3 的素浆刷涂 |
| 定标高及弹线 | 1. 以地面中心点标高确定平面标高,并弹线;<br>2. 根据地面的大小划分区域,进行地面弹线 |
| 找平层处理 | 1. 按照 1:4 ~ 1:3 的水泥和砂配比,配置并搅拌均匀;<br>2. 按照 10 ~ 15 mm 厚度,从里向外进行摊铺,然后用大杠刮平、拍实 |
| 试铺 | 进行预铺,保证门口位置为完整砖 |

续表

| 流程 | 内容 |
|---|---|
| 铺贴 | 1. 调配结合层素水泥砂浆,水泥和瓷砖黏合剂比例为4:1;<br>2. 石材背面上浆,边缘处向内倾斜45°,对准纵横缝,用水平尺找平,然后用橡皮锤或振动锤振实;<br>3. 在铺贴第二块时,加上砖缝卡扣 |
| 勾缝及养护 | 1. 铺贴完2~3 h后,使用美缝剂进行勾缝,并擦拭干净;<br>2. 24 h后,可以适当洒水;<br>3. 面层铺塑料薄膜或彩条布,进行防护 |
| 安装陶瓷踢脚板 | 1. 对墙面进行凿毛处理,清理墙面,并浇水湿润;<br>2. 从墙面两端进行预安装,从踢脚板上方在墙面弹高度线;<br>3. 依次对踢脚板上浆并安装;<br>4. 24 h后用同色水泥浆擦缝 |

（3）写出陶瓷砖地面铺贴的流程。

_____

_____

_____

_____

_____

（4）写出陶瓷砖地面铺装的注意事项。

_____

_____

_____

_____

_____

◈ 操作标准

各项操作的评分标准见表2.4。

表 2.4　陶瓷砖地面施工各项操作的评分标准

| 程序 | 规范任务 | 分值 | 评分标准 | 扣分 | 得分 |
|---|---|---|---|---|---|
| 操作前准备 | 1. 正确佩戴安全帽、手套等安全装备 | 5 | 佩戴错误或不佩戴扣5分 | | |
| | 2. 认真参加进场前安全教育 | 5 | 未参加安全教育扣5分 | | |
| | 3. 检查工具仪器设备 | 3 | 未检查工具仪器设备扣3分 | | |
| | 4. 检查材料 | 2 | 未进行材料检查扣2分 | | |
| 操作流程 | 1. 以小组为单位,对工作内容进行分工 | 3 | 未进行小组分工,扣2分 | | |
| | 2. 地面清理干净、洒水湿润 | 5 | 未进行地面清理和洒水湿润扣3分 | | |
| | 3. 定标高并弹线 | 10 | 未进行地面中心点确定扣2分;未进行找平层墙面弹线扣5分;墙面弹线高度错误扣3分 | | |
| | 4. 找平层处理 | 10 | 找平层配比错误扣5分;找平层摊铺不平整扣5分 | | |
| | 5. 试铺 | 5 | 未进行试铺扣5分 | | |
| | 6. 铺贴 | 10 | 素水泥浆调配比例不正确扣5分;地砖背面上浆不均匀扣3分;卡扣未安扣2分;铺贴未进行平整度修正扣3分 | | |
| | 7. 勾缝及养护 | 5 | 勾缝剂的颜色选择不一致扣2分;勾缝不平整均扣3分 | | |
| | 8. 安装陶瓷踢脚板 | 5 | 未清理墙面扣2分;未进行墙面弹线扣2分;踢脚板背面上浆不满扣1分 | | |
| 操作后评价 | 1. 按照操作流程规范 | 2 | 操作不规范扣2分 | | |
| | 2. 与团队成员沟通顺畅 | 2 | 未与团队成员有效沟通扣2分 | | |
| | 3. 铺贴是否存在空鼓现象 | 10 | 发现可能造成空鼓的现象扣2分 | | |

续表

| 程序 | 规范任务 | 分值 | 评分标准 | 扣分 | 得分 |
|---|---|---|---|---|---|
| 回答问题 | 1. 目的<br>(1)正确使用工具设备<br>(2)正确理解陶瓷砖的使用场所<br>(3)正确理解陶瓷砖的分类和基本特性<br>2. 注意事项<br>(1)安全注意事项<br>(2)工具使用方法正确 | 18 | 根据实际情况,发现有问题每项扣2分 | | |

任务2.2 评价标准

| 工作流程 | 分值 | 任务内容 | 自评扣分<br>(A、B、C、D) | 小组评扣分<br>(A、B、C、D) | 教师评扣分<br>(A、B、C、D) |
|---|---|---|---|---|---|
| 用物准备 | 5 | 正确准备所用学习、实训设备,无漏项 | | | |
| | 5 | 认真参加安全教育 | | | |
| 陶瓷砖学习 | 10 | 课前学习陶瓷砖的相关知识 | | | |
| | 5 | 认真填写学习过程内容 | | | |
| | 2 | 课上同老师进行交流互动 | | | |
| 陶瓷砖地面铺装 | 3 | 用物准备正确,无漏项 | | | |
| | 5 | 认真识读制图规范 | | | |
| | 5 | 完成地面清理、湿润 | | | |
| | 5 | 确定标高并完成放线 | | | |
| | 5 | 进行试铺和陶瓷砖背面处理 | | | |
| | 5 | 找平层材料配置和摊铺 | | | |
| | 10 | 素水泥浆配置和陶瓷砖上浆铺贴,无空鼓情况 | | | |
| | 5 | 进行勾缝和养护 | | | |
| | 5 | 安装踢脚板 | | | |
| 学习能力 | 5 | 按时完成 | | | |
| | 5 | 团队合作 | | | |
| | 5 | 精益求精 | | | |
| | 5 | 知识运用 | | | |
| | 5 | 操作熟练流畅,无事故 | | | |

注:A级,完成任务质量达到该项目的90%~100%;B级,完成任务质量达到该项目的80%~89%;C级,完成任务质量达到该项目的60%~79%;D级,完成任务质量小于该项目的60%。总分按各级最高等级计算。

任务 2.2 目标检测

**一、选择题**

1.关于陶瓷下列描述不正确的是(　　)。

A.陶瓷是指以黏土为主要原料,经成型后焙烧而成的材料

B.陶瓷具有强度高,耐火,耐酸碱腐蚀,耐磨,宜清洗,生产简单的特性

C.陶瓷是以各类矿物渣为原料,经成型后焙烧而成的材料

D.陶瓷可以分为陶器和瓷器两大类

2.关于陶器的说法不正确的是(　　)。

A.陶器分为粗陶和精陶两大类

B.建筑上常用的砖、瓦、陶管等属于粗陶

C.釉面砖属于精陶,多以塑性黏土、高岭土、长石和石英为主要材料,烧制而成

D.我国著名的宜兴紫砂陶是一种无釉粗陶器

3.关于陶瓷面砖的说法中,正确的是(　　)。

A.墙面砖分为内墙面砖和外墙面砖,内墙面砖主要指用于洗手间、厨房、室外阳台等空间立面装饰用的陶瓷砖,具有防脏、防水的效果

B.墙面砖只有内墙面砖

C.外墙面砖不属于陶瓷砖系列

D.常用的陶瓷内墙面砖主要规格不包括 300 mm ×300 mm 和 300 mm ×450 mm。

4.关于陶瓷地砖,下列说法错误的是(　　)。

A.陶瓷地砖是用黏土炼制而成

B.陶瓷地砖具有质坚、耐压耐磨、防潮、易清洗等特点

C.陶瓷地砖按材质可分为釉面砖、通体砖、抛光砖、玻化砖等

D.陶瓷地砖常用规格不包括 300 mm ×300 mm 和 600 mm ×600 mm

5.我们常说的防滑地砖,描述错误的是(　　)。

A.防滑地砖由黏土为主要原料,烧制而成。

B.防滑地砖具有质坚、耐压耐磨、防潮、不褪色等特点

C.一般所说的防滑地砖是指通体砖

D.防滑地砖的表面一般是光滑的,没有一些褶皱或者是凹凸点

**二、简答题**

1.请写出卫生间防滑地砖铺贴的工艺流程。

_____

_____

_____

_____

2. 从环境保护的角度,简述陶瓷砖的选购原则。

_____

_____

_____

_____

_____

## 任务2.3　木地板地面施工工艺

□ 学习目标

1)知识目标

(1)能够叙述不同木地板的基本特点;

(2)正确叙述木地板的施工流程;

(3)能叙述木地板施工过程中的注意事项。

2)技能目标

(1)能够正确识读木地板构造详图;

(2)正确使用工具,完成木地板的铺装;

(3)能够进行铺装工程验收。

3)素质目标

(1)提升自主学习能力;

(2)培养科学、严谨的态度。

✍ 教学重难点

(1)教学重点:正确使用工具完成木地板铺装实训。

(2)教学难点:木地板实训项目的安排、组织和实施。

⧗ 教学准备

(1)教学硬件:多媒体教室、计算机;

(2)教学软件:虚拟仿真实训平台、CAD;

(3)实操设备:卷尺、红外线测距仪、水平尺、细鱼线、墨斗、水平仪、扫帚、安全帽、铁锹、手套、胶锤、电锯；

(4)实操材料：细砂、美缝胶、木龙骨、电锤、实木地板、复合木地板、保温膜、防虫剂、胶合剂。

## 活动一　木地板材料学习

### ☺ 学习目标

(1)叙述木地板的分类,并能简单列举实木地板和复合木地板的实例；

(2)能叙述实木地板、复合木地板的加工成型原理；

(3)能够从环境保护方面阐述木地板的选择理由。

### ☝ 建议学时

建议学时为45分钟。

### ✐ 课程思政建议

在木地板材料方面,建议从习近平生态文明思想和新发展理念出发,通过引入"绿水青山就是金山银山"的典型案例,让学生充分认识到环境保护的重要性,从而在木地板的选择方面提倡多采用可循环使用的地板,减少树木的砍伐,以新时代的要求重新定义建筑室内设计师。

**思政小案例**

红树林变"金树林",助推实现碳中和——广东湛江红树林造林项目

广东湛江红树林国家级自然保护区是我国红树林面积最大的自然保护区之一。近年来,该保护区管理局在加强现有红树林保护的同时,稳步推进实施红树林种植,逐步增加红树林面积,并与有关方面探索建立红树林生态产品价值实现机制。2019年,自然资源部第三海洋研究所与保护区管理局合作,将2015—2019年在保护区范围内种植的380公顷红树林产生的碳汇,开发成我国首个符合核证碳标准(VCS)和气候社区生物多样性标准(CCB)的红树林碳汇项目。2021年6月8日,保护区管理局、自然资源部第三海洋研究所和北京市企业家环保基金会正式签署首笔核证的5880 t碳减排量的转让协议。北京市企业家环保基金会购买碳减排量,用于抵消该基金会开展活动时产生的碳排放。项目收益将用于修复红树林的管护以及社区参与等工作,以持续维护红树林生态修复的效果。这对于鼓励社会资本投入红树林等蓝碳生态系统保护修复、助推实现碳中和具有重要意义。

### ⚏ 学习过程

(1)请列举可用于制作实木地板的树种。

_____

_____

_____

（2）请详细描述四层复合木地板的结构。

（3）请描述竹木地板的优点。

（4）请列举常见的人造板材。

（5）请描述实木地板的保养注意事项。

## 活动二　木地板铺装

☺ **学习目标**

（1）正确识读木地板地面构造详图；

（2）叙述木地板地面的施工流程；

（3）正确使用工具完成木地板地面铺设实训。

🕙 **建议学时**

建议学时为135分钟。

🖊 **课程思政建议**

通过木地板地面铺设实训，以大国工匠事迹为具体案例，融入精益求精的品质追求，不断塑造学生的工匠精神、职业精神。

**思政小案例**

"蛟龙"号上的"两丝"钳工顾秋亮

"蛟龙"号是中国首个大深度载人潜水器，有十几万个零部件，组装起来最大的难度就是密封性，精密度要求达到了"丝"级。而在中国载人潜水器的组装中，能实现这个精密度的只有钳工顾秋亮，也因为有着这样的绝活儿，顾秋亮被人称为"顾两丝"。43年来，他埋头苦干、踏实钻研、挑战极限，这种信念，让他赢得了潜航员生命托付的信任，也加快了我国从海洋大国向海洋强国迈进的步伐。

🖏 **学习过程**（以实木地板铺装为例）

（1）识图：实木地板地面构造如图2.3所示。

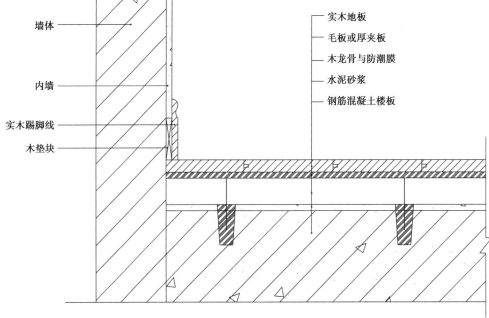

图2.3　实木地板地面构造

（2）实木地板地面施工。实木地板地面施工流程及其内容见表2.5。

表2.5 实木地板地面施工流程及其内容

| 流程 | 内容 |
|---|---|
| 工具准备 | 卷尺、红外线测距仪、水平尺、墨斗、红外水平仪、抹灰刀、安全帽、灰桶、铁锹、手套、胶锤、切割机、角尺、电锤、木楔、木龙骨、防潮膜、木地板、防虫粉、胶合剂 |
| 安全教育 | 1. 电动工具的使用安全教育；<br>2. 正确佩戴安全设施；<br>3. 实操过程中的安全；<br>4. 环境场地的安全 |
| 施工准备 | 1. 检查施工现场，墙、顶、管线、埋件已经施工安装完成并通过验收；<br>2. 对木地板进行检查，重点对拼花、颜色、碎裂等进行检查；<br>3. 对施工辅材进行检查，重点对防潮膜、木楔等进行保质期、质量检查 |
| 基层处理 | 对基层进行清理、打扫 |
| 安装预埋件 | 1. 以不大于300 mm为标准，确定龙骨安装间距，在地面弹线；<br>2. 地面打孔，安装木楔或螺栓预埋件；<br>3. 地面撒防虫剂 |
| 安装木龙骨 | 1. 对木龙骨进行防腐处理；<br>2. 安装木龙骨，离墙不小于30 mm（端头错缝，安装的木地板距墙不小于10 mm）缝隙 |
| 安装木地板 | 1. 垫保温层；<br>2. 安装毛地板（大芯板）；<br>3. 安装木地板（如没有毛地板，只铺木地板，需将木地板钉于木龙骨上） |
| 安装踢脚板 | 1. 安装好踢脚板垫块；<br>2. 安装并固定踢脚板 |
| 养护 | 1. 清查安装现场；<br>2. 抛光上蜡处理；<br>3. 养护期间防止上人走动，防止雨水等淋湿地板 |

（3）写出实木地板地面的铺贴流程。

_____

_____

_____

_____

_____

（4）写出实木地板地面铺装注意事项。

_____

_____

_____

_____

_____

☞ 操作标准

各项操作的评分标准见表2.6。

表2.6　木地板施工各项操作的评分标准

| 程序 | 规范任务 | 分值 | 评分标准 | 扣分 | 得分 |
|---|---|---|---|---|---|
| 操作前准备 | 1. 正确佩戴安全帽、手套等安全装备 | 5 | 佩戴错误或不佩戴扣5分 | | |
| | 2. 认真参加进场前安全教育 | 5 | 未参加安全教育扣5分 | | |
| | 3. 检查工具仪器设备 | 3 | 未检查工具仪器设备扣3分 | | |
| | 4. 检查材料 | 2 | 未进行材料检查扣2分 | | |
| 操作流程 | 1. 以小组为单位,有明确的分工内容 | 3 | 未进行小组分工,扣2分 | | |
| | 2. 地面清理干净、垃圾清理 | 5 | 未进行地面清理扣3分 | | |
| | 3. 根据木龙骨间距进行地面弹线 | 10 | 未进行地面中心点确定扣2分;未进行找平层地面弹线扣5分;墙面弹线高度错误扣3分 | | |
| | 4. 安装地面预埋件 | 5 | 未在老师监督下使用电锤等打孔工具错误扣5分;打孔深度不合规扣5分 | | |
| | 5. 安装木龙骨 | 10 | 木龙骨间距不规范扣5分;离墙小于30mm扣3分;木地板距墙预留大于10mm的预留扣2分 | | |

续表

| 程序 | 规范任务 | 分值 | 评分标准 | 扣分 | 得分 |
|------|---------|------|---------|------|------|
| 操作流程 | 6.安装毛地板或木地板 | 10 | 未安装保温层或垫层扣5分;安装毛地板不平整扣2分;单铺木地板未进行固定扣3分 | | |
| | 7.安装踢脚板及保养 | 10 | 未安装踢脚板木垫块扣3分;踢脚板未进行固定扣2分;木地板养护不到位扣5分 | | |
| 操作后评价 | 1.按照操作流程规范 | 2 | 操作不规范扣2分 | | |
| | 2.与团队成员沟通顺畅 | 2 | 未与团队成员有效沟通扣2分 | | |
| | 3.铺贴是否存在不整齐现象 | 10 | 发现可能造成不平整、拼贴不整齐的现象扣2分 | | |
| 回答问题 | 1.目的<br>(1)正确使用工具设备<br>(2)正确理解木地板的使用场所<br>(3)正确理解木地板的分类和基本特性<br>2.注意事项<br>(1)安全注意事项<br>(2)工具使用方法正确 | 18 | 根据实际情况发现有问题每项扣2分 | | |

任务2.3 评价标准

| 工作流程 | 分值 | 任务内容 | 自评扣分<br>(A、B、C、D) | 小组评扣分<br>(A、B、C、D) | 教师评扣分<br>(A、B、C、D) |
|---------|------|---------|------|------|------|
| 用物准备 | 5 | 正确准备所用学习、实训设备,无漏项 | | | |
| | 5 | 认真参加安全教育 | | | |
| 木地板学习 | 10 | 课前学习木地板的相关知识 | | | |
| | 5 | 认真填写学习过程内容 | | | |
| | 2 | 课上同老师进行交流互动 | | | |

续表

| 工作流程 | 分值 | 任务内容 | 自评扣分<br>（A、B、C、D） | 小组评扣分<br>（A、B、C、D） | 教师评扣分<br>（A、B、C、D） |
|---|---|---|---|---|---|
| 木地板铺装 | 3 | 用物准备正确,无漏项 | | | |
| | 5 | 认真识读制图规范 | | | |
| | 5 | 完成地面清理 | | | |
| | 5 | 确定铺贴方向并完成放线 | | | |
| | 5 | 进行地面防虫和木地板背面处理 | | | |
| | 5 | 木龙骨和踢脚板垫板进行防腐处理<br>并安装正确 | | | |
| | 10 | 木龙骨安装整齐、间距正确,充分<br>考虑了离墙距离 | | | |
| | 5 | 进行上蜡及养护 | | | |
| | 5 | 安装踢脚板 | | | |
| 学习能力 | 5 | 按时完成 | | | |
| | 5 | 团队合作 | | | |
| | 5 | 精益求精 | | | |
| | 5 | 知识运用 | | | |
| | 5 | 操作熟练流畅,无事故 | | | |

注:A级,完成任务质量达到该项目的90%~100%;B级,完成任务质量达到该项目的80%~89%;C级,完成任务质量达到该项目的60%~79%;D级,完成任务质量小于该项目的60%。总分按各级最高等级计算。

## 任务2.3 目标检测

一、选择题

1.下列关于木地板的描述不正确的是(　　　　)。

A.木地板一般分为实木地板、实木复合地板、强化木地板、竹木地板、软木地板、硬木地板、硬纤维板地板、拼花地板

B.实木地板安装中所选的木龙骨一般含水率应小于20%

C.实木地板一般分为企口、平口

D.木地板一般用于卫生间地面铺装

2.下列关于实木地板安装的说法不正确的是(　　　　)。

A.实木地板的安装可要防潮膜也可不要防潮膜

B.实木地板安装时离墙应预留不小于10 mm的间距

C.单铺实木地板,应将其固定在龙骨上

D.龙骨一般固定在水泥地面的预埋件上

3.下列关于复合木地板安装的说法不正确的是(　　　　)。

A. 复合木地板一般是铺贴在水泥砂浆找平层上的防潮膜上,不用做龙骨骨架

B. 遇到柱子等处,需要在该处地板开口,开口的大小要与柱等周围保持 1 cm 间隙

C. 防潮膜铺贴方向与地板的条向相垂直

D. 复合木地板施工面积过大,长度大于 10 m 时,也不用压条进行地板分仓

4. 关于复合强化木地板,下列说法错误的是(　　　)。

A. 复合强化木地板一般由四层构成,分别是耐磨层、装饰层、人造板基材、平衡层(防潮层)

B. 复合强化木地板具有优良的物理力学性能,有较大的规格尺寸且稳定性好,安装简便,维护保养简单

C. 复合强化木地板的脚感、质感不如实木地板,基材和各层间黏合不好易造成脱胶,胶合剂不含有甲醛

D. 复合强化木地板含水率为 3.0% ~ 10.0%,吸水后的厚度膨胀率优等品≤2.5%,一等品≤4.5%,合格品≤10.0%

5. 关于竹地板,下列描述错误的是(　　　)。

A. 与木材相比,竹地板具有组织结构细密、材质坚硬、弹性较好、脚感舒适、装饰自然大方的特点

B. 与木材相比,竹地板具有干缩湿用小、尺寸稳定性高、不易变形开裂、耐磨性好的特点

C. 与木材相比,竹地板具有色泽淡雅、色差小、纹理通直的特点

D. 竹地板的利用率较高,产品价格低

**二、简答题**

1. 通过查阅资料,请写出复合木地板铺贴的工艺流程。

_____

_____

_____

_____

_____

2. 通过查阅资料,请描述木地板采购时的关注点。

_____

_____

_____

_____

_____

# 任务 2.4 PVC 地板地面施工工艺

## 学习目标

### 1)知识目标

(1)能够叙述 PVC 材料的基本特点;

(2)正确叙述 PVC 地板的施工流程;

(3)能叙述 PVC 地板施工过程中的注意事项。

### 2)技能目标

(1)能够正确识读 PVC 地板构造详图;

(2)正确使用工具,进行 PVC 地板的铺装;

(3)能够进行铺装工程验收。

### 3)素质目标

(1)提升自主学习能力;

(2)培养科学严谨的态度。

## 教学重难点

(1)教学重点:根据教学实训安排,正确使用工具完成 PVC 地板实训。

(2)教学难点:PVC 地板实训项目的安排、组织和实施。

## 教学准备

(1)教学硬件:多媒体教室、计算机;

(2)教学软件:虚拟仿真实训平台、CAD;

(3)实操设备:卷尺、红外线测距仪、水平尺、细鱼线、墨斗、水平仪、美工刀、扫帚、安全帽、铁锹、手套、空桶、搅拌器、长刮板;

(4)实操材料:环氧底油、石英砂、环氧地坪涂料、PVC 地板、胶黏剂、界面剂。

## 活动一 PVC 地板材料学习

## ☺ 学习目标

(1)能叙述 PVC 地板的分类,并能了解卷材、片板的常用规格;

(2)能叙述 PVC 地板的结构和基本特点;

(3)能叙述 PVC 地板使用的场所。

## 建议学时

建议学时为 45 分钟。

## 课程思政建议

从 PVC 的基本特点入手,通过引入生产或生活中遇到的安全事故案例,让学生充分认识到安全的重要性,开展国家安全教育,培养国家安全观。

**思政小案例**

××××盐化工有限责任公司"1·7"中毒事故

三氯化氮排放不当导致其在管道阀门低处富集,作业时仪表风阀门开启过大导致压力快速升高,系统压力不平衡加剧气流对底部积存液相的扰动,引起三氯化氮分解爆炸,造成自控阀及前后管道爆裂、氯气缓冲罐出口管道焊缝及新旧合成装置氯气连接截止阀阀门开裂,导致氯气泄漏,造成重大事故。

## 学习过程

(1)请描述 PVC 塑胶地板的结构。

_____

_____

_____

_____

(2)请描述 PVC 塑胶地板的分类及规格。

_____

_____

_____

_____

(3)请描述 PVC 塑胶地板的优劣点。

_____

_____

_____

_____

（4）结合 PVC 塑胶地板环保可再生的特点，谈如何践行习近平生态文明思想。

_____

_____

_____

_____

_____

## 活动二　PVC 地板铺装

☺ **学习目标**

（1）正确识读 PVC 地板地面构造详图；

（2）叙述 PVC 地板地面的施工流程；

（3）正确使用工具完成 PVC 地板地面铺设实训。

🖱 **建议学时**

建议学时为 135 分钟。

✐ **课程思政建议**

通过 PVC 地板地面铺设实训，以大国工匠事迹为具体案例，融入精益求精的品质追求，不断塑造学生的工匠精神、职业精神。

**思政小案例**

田得梅——苦练操控技巧，解锁毫厘间的操作密码

承担白鹤滩水电站全球首台百万千瓦水电机组转子吊装任务的田得梅，带领班组成员一次次模拟转子吊装过程，详细讲解各个重要环节注意事项，一遍又一遍地对触电控制器、刹车片、行程限位、警报装置等桥机部件进行检查。吊装时，面临 51 mm 的吊装误差，她在眼睛无法看到的情况下，靠着多年经验，用 77 min 将转子顺利吊入 1 号机坑就位，一次性顺利完成全球首台百万千瓦水电机组转子吊装，全面吹响了全球首台百万千瓦水电机组攻坚号角。

🗗 **学习过程**

（1）识图：PVC 地板、PVC 防静电地板铺设构造如图 2.4、图 2.5 所示。

（2）PVC 地板地面施工。PVC 地板地面施工流程及其内容见表 2.7。

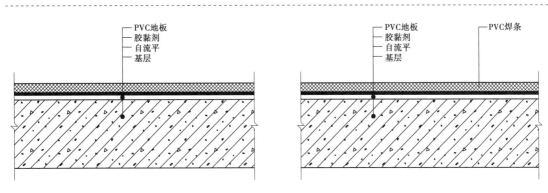

图 2.4　PVC 地板铺设构造　　　　　　图 2.5　PVC 防静电地板铺设构造

表 2.7　PVC 地板地面施工流程及其内容

| 流程 | 内容 |
|---|---|
| 工具准备 | 卷尺、红外线测距仪、水平尺、细鱼线、墨斗、水平仪、美工刀、扫帚、安全帽、铁锹、手套、空桶、搅拌器、长刮板、环氧底油、石英砂、环氧地坪涂料、PVC 地板、胶黏剂、界面剂 |
| 安全教育 | 1. 电动工具的使用安全教育；<br>2. 正确使用安全设施；<br>3. 实操过程中的安全问题；<br>4. 环境场地中的安全问题 |
| 施工准备 | 1. 检查施工现场，墙、顶、管线、埋件已经施工安装完成并通过验收；<br>2. 对材料及设备进行合格性检查 |
| 基层处理 | 1. 墙面、顶棚及门窗安装好后，将地面杂物清理干净；<br>2. 清除地面上的油污、遗留物等；<br>3. 清理地面尘土、砂粒；<br>4. 地面清理干净后，均匀滚涂一遍界面剂 |
| 自流平施工 | 1. 将自流平倒入搅拌桶中，用水将自流平稀释；<br>2. 使用搅拌器，充分搅拌至液态流态物；<br>3. 将自流平倒在地上，用耙齿刮板刮平，厚度为 2~3 mm。<br>4. 自流平干燥 8~12 h 后可上人，24 h 后可以进行打磨，"死角"需用手砂纸磨掉浮层至坚实表面 |
| 放线 | 1. 根据设计图案、地板规格和房间面积进行分格，弹线定位；<br>2. 在地面上弹出中心十字线和拼花分块线；<br>3. 地墙上弹出镶边线；<br>4. 进行试铺，并对地板进行编号 |
| 地板安装 | 1. 用干湿毛巾擦拭地面，去除灰尘；<br>2. 地板块在铺装前进行脱脂、脱蜡处理；<br>3. 将胶黏剂用齿形刮板涂刷在表面，将板材由里向外铺贴，用滚筒加压密实；<br>4. 软质塑料地板块安装拼贴处需进行 V 形槽切割，用热空气焊枪进行焊接，焊条冷却后用铲刀铲除高于地板平面的焊条 |

续表

| 流程 | 内容 |
|---|---|
| 养护 | 1. 及时清理地板表面,水性胶黏剂可用湿布擦拭干净,胶水需用纱布头蘸松节油或200号溶剂汽油擦拭;<br>2. 打上地板蜡,在后期维护过程中发现污染的表面,需用除蜡剂进行深层除蜡的方法除去一部分污染的表层蜡面,然后再上新蜡 |

(3)写出 PVC 地板地面的铺贴流程。

_____

_____

_____

_____

(4)写出 PVC 地板铺装的注意事项。

_____

_____

_____

_____

☝ 操作标准

PVC 地板施工各项操作的评分标准见表 2.8。

表 2.8 PVC 地板施工各项操作的评分标准

| 程序 | 规范任务 | 分值 | 评分标准 | 扣分 | 得分 |
|---|---|---|---|---|---|
| 操作前准备 | 1. 正确佩戴安全帽、手套等安全装备 | 5 | 佩戴错误或不佩戴扣5分 | | |
| | 2. 认真参加进场前安全教育 | 5 | 未参加安全教育扣5分 | | |
| | 3. 检查工具仪器设备 | 3 | 未检查工具仪器设备扣3分 | | |
| | 4. 检查材料 | 2 | 未进行材料检查扣2分 | | |

续表

| 程序 | 规范任务 | 分值 | 评分标准 | 扣分 | 得分 |
|---|---|---|---|---|---|
| 操作流程 | 1. 以小组为单位,有明确的分工内容 | 3 | 未进行小组分工扣 2 分 | | |
| | 2. 地面清理干净、垃圾清理 | 5 | 未进行地面清理扣 5 分 | | |
| | 3. 涂刷界面剂 | 5 | 界面剂未涂刷扣 5 分;涂刷不均匀扣 3 分 | | |
| | 4. 自流平施工 | 10 | 未在老师监督下使用搅拌器对加水自流平搅拌均匀扣 5 分;自流平厚度不均匀扣 2 分;打磨不规范,如"死角"未手动打磨扣 3 分 | | |
| | 5. 放线 | 10 | 未在地面上弹出中心十字线和拼花分块线扣 5 分;未在墙上弹出镶边线扣 3 分;未进行试铺并编号扣 2 分 | | |
| | 6. 地板安装 | 10 | 未进行地板除尘处理扣 3 分;地板块未进行脱脂、脱蜡处理扣 2 分;板材未由里向外铺贴,并用滚筒加压密实扣 2 分 | | |
| | 7. 踢脚板铺贴及保养 | 10 | 未满 1 天便上人扣 5 分;未进行拼缝处理扣 5 分 | | |
| 操作后评价 | 1. 按照操作流程规范 | 2 | 操作不规范扣 2 分 | | |
| | 2. 与团队成员沟通顺畅 | 2 | 未与团队成员有效沟通扣 2 分 | | |
| | 3. 铺贴是否存在不整齐现象 | 10 | 发现可能造成不平整、拼贴不整齐的现象扣 2 分 | | |
| 回答问题 | 1. 目的<br>(1)正确使用工具设备<br>(2)正确理解 PVC 地板的使用场所<br>(3)正确理解 PVC 地板的分类和基本特性<br>2. 注意事项<br>(1)安全注意事项<br>(2)工具使用方法正确 | 18 | 根据实际情况,发现有问题每项扣 2 分 | | |

任务2.4 评价标准

| 工作流程 | 分值 | 任务内容 | 自评扣分<br>(A、B、C、D) | 小组评扣分<br>(A、B、C、D) | 教师评扣分<br>(A、B、C、D) |
|---|---|---|---|---|---|
| 用物准备 | 5 | 正确准备所用学习、实训设备,无漏项 | | | |
| | 5 | 认真参加安全教育 | | | |
| PVC地面<br>材料学习 | 10 | 课前学习PVC地板的相关知识 | | | |
| | 5 | 认真填写学习过程内容 | | | |
| | 2 | 课上同老师进行交流互动 | | | |
| PVC地面<br>铺装 | 3 | 用物准备正确,无漏项 | | | |
| | 5 | 认真识读制图规范 | | | |
| | 5 | 完成地面清理 | | | |
| | 5 | 涂刷界面剂 | | | |
| | 5 | 根据铺贴和拼花进行地面弹线 | | | |
| | 5 | PVC地板脱脂除蜡处理 | | | |
| | 10 | 由里向外进行铺贴 | | | |
| | 5 | 进行拼缝处理及养护 | | | |
| | 5 | 踢脚板铺贴 | | | |
| 学习能力 | 5 | 按时完成 | | | |
| | 5 | 团队合作 | | | |
| | 5 | 精益求精 | | | |
| | 5 | 知识运用 | | | |
| | 5 | 操作熟练流畅,无事故 | | | |

注:A级,完成任务质量达到该项目的90%~100%;B级,完成任务质量达到该项目的80%~89%;C级,完成任务质量达到该项目的60%~79%;D级,完成任务质量小于该项目的60%。总分按各级最高等级计算。

## 任务2.4 目标检测

**一、选择题**

1. 下列关于PVC塑胶地板的描述不正确的是( )。

A. PVC地板是当今世界上非常流行的一种新型轻体地面装饰材料,也称为"轻体地材"

B. PVC塑胶地板是以聚氯乙烯及其共聚树脂为主要原料,加入填料、增塑剂、稳定剂、着色剂等辅料,在片状连续基材上,经涂敷工艺或经压延、挤出或挤压工艺生产而成

C. PVC塑胶地板是以聚氯乙烯为主要原料经过一系列的物理加工过程而生产出的具有干净、整洁、弹性、吸音、美观、大方等功能的用于地面的高档装饰材料

D. PVC塑胶地板不具有可回收性、可重复使用性

2. 下列关于 PVC 地板铺装流程说法正确的是(　　　)。

A. 基层处理—弹线定位—地板脱脂除蜡—预铺—刮黏结剂—地板铺贴—滚压—踢脚板铺贴—养护

B. 基层处理—地板脱脂除蜡—预铺—刮黏结剂—地板铺贴—滚压—踢脚板铺贴—养护

C. 基层处理—弹线定位—地板脱脂除蜡—刮黏结剂—地板铺贴—滚压—踢脚板铺贴—养护

D. 基层处理—弹线定位—地板脱脂除蜡—预铺—地板铺贴—滚压—踢脚板铺贴—养护

3. 下列关于自流平(基层)处理说法正确的是(　　　)。

A. 地面自然干燥,保证表面不起砂、不起皮、不起灰、不空鼓、无油渍

B. 按照 5∶1 的配比将自流平水泥和水搅拌均匀,按照 2～3 mm 厚进行施工,滚刷平整

C. 自流平干燥 8～12 h 后,穿平底鞋进行打磨,死角位置需手工打磨

D. 自流平干燥后,可以用金属磨片进行打磨

4. 关于 PVC 塑胶地板从下向上的结构,下列说法正确的是(　　　)。

A. 背封层、隔音层、基材、耐压层、耐磨层。

B. 隔音层、背封层、基材、耐压层、耐磨层。

C. 背封层、隔音层、耐压层、基材、耐磨层。

D. 背封层、隔音层、基材、耐磨层、耐压层。

二、简答题

1. 通过查阅资料,请写出 PVC 地板的地点。

_____

_____

_____

_____

2. 通过查阅资料,请写出 PVC 地板铺装注意事项。

_____

_____

_____

_____

# 项目 3 墙面施工

1)学习内容分解

墙面工程施工主要分为 5 个任务,分别是涂料工程施工工艺,墙纸、墙布装饰工程施工工艺,软包墙面工程施工工艺,石材墙面干挂装饰工程施工工艺,墙砖铺贴工程施工工艺。

2)教学地点建议

教学地点建议在校内情景化教学场所、虚拟仿真实训中心、校外真实施工现场。

3)课前自学

课前自学的内容:涂料工程,墙纸、墙布装饰工程,软包墙面工程,石材墙面干挂装饰工程,墙砖铺贴工程等。

课前自学内容包括的知识点:国家施工规范、作业指导书和技术交底、全三维施工详图、仿真视频学习。学生学习完成后可以进行无纸化理论考核和仿真实训考核。

玻璃饰面板安装施工工艺　　金属饰面板安装施工工艺　　马赛克铺贴施工工艺

木饰面板安装施工工艺　　墙面软硬包施工工艺　　墙砖铺贴施工工艺

视频来源于《中望家装工程施工虚拟仿真软件》,配套本书教学使用

## 任务 3.1 涂料工程施工工艺

📑 **学习目标**

1)知识目标

(1)能够叙述涂料构造的基本原理；
(2)能够正确叙述常见涂料的种类；
(3)能够基本阐述出乳胶漆与真石漆的施工工艺流程；
(4)能够描述常见的涂料(乳胶漆与真石漆)施工过程中的注意事项。

2)技能目标

(1)能够准确识别乳胶漆及真石漆等常见涂料；
(2)正确使用工具,完成常见涂料(乳胶漆与真石漆)的施工；
(3)能够进行涂料工程验收。

3)素质目标

(1)提升自主学习的能力；
(2)养成科学、严谨的学习和工作态度。

✍ **教学重难点**
(1)教学重点:正确使用工具完成墙面涂料工程施工。
(2)教学难点:涂料工程材料的购买,实训项目的安排、组织和实施。

⧗ **教学准备**
(1)教学硬件:多媒体教室、计算机、实操墙面；
(2)教学软件:虚拟仿真实训平台、CAD；
(3)实操设备:卷尺、红外线测距仪、墨斗、红外水平仪、抹灰刀、批刀、刮刀、墙面磨平机、电动搅拌器、打磨器、油漆刷、羊毛辊筒、安全帽、灰桶、铁锹、手套、真石漆专用喷枪；
(4)实操材料:纸胶带、360 型砂纸、240 型砂纸、108 胶水、腻子粉、界面剂、通用底漆、乳胶漆、细砂、水泥、防尘面油、罩面漆。

### 活动一　涂料材料学习

☺ **学习目标**
(1)能够叙述常用涂料种类,并能简单列举界面漆、107 胶与 108 胶、乳胶漆、真石漆、防火涂料等实例；
(2)能够叙述界面剂的用途和分类；

（3）能够阐述出乳胶漆的优点，并能进行墙面乳胶漆的调色；

（4）能够从环境保护和成本控制方面阐述乳胶漆品种的选择理由；

（5）能够简述真石漆的特点和优点；

（6）能够叙述防火涂料的优点。

🕭 建议学时

建议学时为 45 分钟。

🖉 课程思政建议

在涂料材料方面，建议从环境保护、人文关怀理念、大健康和安全意识出发，通过乳胶漆、防火涂料的选择，让学生充分认识到环境保护的重要性，设计要以人为本，为使用者的身心健康、安全考虑，从而在涂料的选择方面提倡多采用生态、无污染的生态乳胶漆、真石漆和具有防火等功能的防火涂料，减少因涂料的使用造成的健康问题和安全问题，以居民健康安全重新定义建筑室内设计师和工程师的责任。

**思政小案例**

2020 年 9 月 12 日，某高新技术产业开发区一企业的喷漆房发生爆燃事故，造成重大安全事故，直接经济损失约 2 640 万元。经调查，事故的直接原因是喷漆房相对密闭，现场作业人员未开启废气处理设施。在清理地面时，清理人员使用的稀释剂快速挥发积聚，在喷漆房内形成爆炸性混合气体，遇到点火源后引发爆燃。喷漆作业前未做好通风，在明火作业附近进行喷漆，都有可能引发爆炸事故。

🖳 学习过程

（1）请列举几种常用的涂料及相关材料。

_____

_____

_____

_____

（2）请详细描述界面剂的用途。

_____

_____

_____

_____

(3)描述 107 胶与 108 胶最主要的区别。

_____

_____

_____

_____

(4)请详细阐述乳胶漆的优点。

_____

_____

_____

_____

(5)请描述真石漆的主要特点及分类。

_____

_____

_____

_____

(6)请描述防火涂料的工作原理。

_____

_____

_____

_____

(7)请描述防火涂料的种类。

_____

_____

_____

活动二　涂料施工

☺ 学习目标

(1)深入理解涂料构造的原理;

(2)能够明确不同涂料施工工艺的区别;

(3)准确阐述乳胶漆和真石漆的施工流程;

(4)正确使用工具完成乳胶漆和真石漆的施工实训。

⌖ 建议学时

建议学时为135分钟。

✎ 课程思政建议

通过对乳胶漆和真石漆的施工实训、操作流程和注意事项的对比,培养学生辨别不同事物的能力以及多维思考的能力。

**思政小案例**

"明辨",是正确的世界观、人生观、价值观的重要内容。用中国传统的体用观念来解释,"三观"是体,是非观念则是"三观"基础上的价值判断;同时,明辨是非也不等于简单地判断对错,正如朱熹所说:"凡事皆用审个是非,择其是而行之",是非不是绝对的、机械的,要因事而论、因时而动,其判断结果要能够指导实践。因此可以说,学是明辨的基础,思是明辨的过程,鉴是明辨的方法,行是明辨的升华。做好了明辨这门功课,青年人就能始终保持清醒的头脑、坚定的立场和矢志不渝的信念。

⊞ 学习过程

(1)构造解读。涂料涂敷于物体表面,与基体材料很好地黏合并形成完整而坚韧的保护膜。一般情况下,乳胶漆施工都是采用底漆打底、面漆饰面的形式。

(2)乳胶漆施工。乳胶漆施工流程及其内容见表3.1。

表3.1　乳胶漆施工流程及其内容

| 流程 | 内容 |
|---|---|
| 工具准备 | 砂纸、滚筒刷、毛刷、分色纸、牛皮纸、油灰刀、脚手架等 |
| 安全教育 | 1.开展三脚架及高处施工的安全教育;<br>2.正确使用安全设施;<br>3.实操过程中的安全问题;<br>4.环境场地中的安全问题 |

| 流程 | 内容 |
|---|---|
| 施工准备 | 1. 检查墙面是否干燥,涂料要保存在阴凉干燥的地方;<br>2. 为了避免乳胶漆出现色差,可以让设计师到现场调色,确认好色号;<br>3. 对高处施工的辅助工具稳定性进行检查 |
| 基层处理 | 1. 先将装修表面上的灰块、浮渣等杂物用开刀铲除,如表面有油污,应用清洗剂和清水洗净;<br>2. 干燥后再用棕刷将表面灰尘清扫干净,然后先滚刷一遍水与界面剂(配合比为10∶1)的稀释液,再用底层石膏或嵌缝石膏将底层不平处填补好;<br>3. 石膏干透后局部需贴牛皮纸或专用墙布进行防裂处理,干透后才可进行下一步 |
| 满涂两遍腻子 | 1. 第一遍应用胶皮刮板满刮,要求横向刮抹平整、均匀、光滑、密实平整、线角及边棱整齐(尽量刮薄,不得漏刮,接头不得留槎,注意不要沾污门窗框及其他部位,否则应及时清理),待第一遍腻子干透后,用粗砂纸打磨平整(注意操作要平衡,保护棱角,磨后用棕扫帚清扫干净);<br>2. 第二遍满刮腻子方法同第一遍(但刮抹方向与前腻子相垂直,然后用粗砂纸打磨平整,否则必须进行第三遍、第四遍,用 300 W 太阳灯侧照墙面或天棚面,用粗砂纸打磨平整,最后用细砂纸打磨平整光滑为准) |
| 底层涂料 | 施工应在干燥、清洁、牢固的层表面上进行,喷涂一遍,涂层需均匀,不得漏涂 |
| 中层涂料 | 1. 如发现有不平整之处,用腻子补平并磨光。<br>2. 用手提电动搅拌枪充分搅拌均匀,若稠度较大可适当加清水稀释,但每次加水量需一致,不得稀稠不一。<br>3. 涂料倒入托盘,用涂料滚子蘸料涂刷第一遍(滚子应横向涂刷,然后再纵向滚压,将涂料赶开、涂平,滚涂顺序一般为从上到下,从左到右,先远后近,先边角后棱角,先小面后大面;涂刷应厚薄均匀,防止涂料过多流坠,滚子涂不到的阴角处,需用毛刷补充,不得漏涂;要随时剔除沾在墙上的滚子毛,一面墙要一气呵成,避免接槎处刷迹重叠现象,沾污到其他部位的涂料要及时用清水擦净)。<br>注:第一遍中层涂料施工后,一般需干燥 4 h 以上,才能进行下道磨光工序。如遇天气潮湿,应适当延长间隔时间,然后用细砂纸进行打磨,打磨时用力要轻而匀,并不得磨穿涂层,磨后将表面清扫干净。<br>4. 第二遍中层涂刷与第一遍相同(但不再磨光涂刷后,应达到一般乳胶漆高级刷浆的要求) |
| 乳胶漆面层喷涂 | 1. 预先在局部墙面上进行试喷,以确定基层与涂料的相容情况,并同时确定合适的涂料量;<br>2. 充分搅拌涂料;<br>3. 喷涂涂料。<br>(注:喷涂应按墙面部位→柱部位→门窗部位的顺序进行,该顺序应灵活掌握,以不增加重复遮挡和不影响已完成的饰面为准) |
| 清扫 | 清除遮挡物,清扫飞溅的物料 |

（3）真石漆施工。真石漆施工流程及其内容见表3.2。

表 3.2　真石漆施工流程及其内容

| 流程 | 内容 |
|---|---|
| 工具准备 | 油灰刀、钢丝刷、腻子刮刀或刮板、腻子托板、砂纸 、滚筒、毛刷砂壁状涂料专用喷枪空压机 、薄膜胶带、遮挡板、遮盖纸、塑料防护眼镜、口罩、手套、工作服 、手提式电动搅拌机、过滤筛、塑料桶、匀料板、钢卷尺、粉线包 |
| 安全教育 | 1. 开展三脚架及高处施工的安全教育；<br>2. 正确使用安全设施；<br>3. 实操过程中的安全问题；<br>4. 环境场地中的安全问题 |
| 施工准备 | 1. 检查基层保养工作:新粉刷的水泥砂浆、混凝土应经过保养和干燥,含水率必须小于8%、pH值低于10时方可施工。<br>2. 对基层进行处理:首先必须保持基层干净。对基层表面的灰尘、污垢,必须清洗干净后才能喷涂;其次,需要对旧墙面进行处理,如旧墙面疏松、起皮、有青苔等,在施工之前需进行清理,达到无空鼓、起砂,要求坚实牢固、干燥、平整而不光滑(细毛墙)。<br>3. 施工前需要进行一次试验。试验的目的是检验涂层对基面的黏结力、适应性,观察有无泛黄变色,接合力是否符合强度要求,然后才能施工。<br>4. 需要粘贴建筑胶带分隔的先粘贴好外墙分隔胶带。<br>5. 试验性施工:现场将用料进行搅拌,达到色泽均匀、不分层、不沉淀 |
| 基层处理 | 1. 将墙表面平整坚固,对缺棱掉角的地方修补(修补采用刷一道水泥浆加20%胶液后抹1:3水泥砂浆局部勾抹平整,达到中级抹灰的要求);<br>2. 保持墙面干燥,基层含水率8%;<br>3. 饰面刮腻子处理(刮完腻子的饰面不得有裂缝、孔洞、凹陷等缺陷) |
| 涂刷封底漆 | 封底漆用滚筒滚涂或用喷枪喷涂均可,涂刷一定要均匀,不得漏刷(为提高真石漆的附着力) |
| 喷仿石涂料 | 1. 将真石漆搅拌均匀,装在专用的喷枪内,然后进行喷涂(喷涂压力控制在0.4～0.8 MPa,喷涂顺序应从上往下、从左往右进行喷涂,不得漏喷);<br>2. 快速地薄喷一层;<br>3. 再缓慢、平稳、均匀地喷涂 |
| 打磨 | 1. 采用400～600目砂纸,轻轻抹平真石漆表面凸起的砂粒(注意不可用力太猛,否则会破坏漆膜,引起底部松动,严重时会造成附着力不良及真石漆脱落);<br>2. 打磨完毕后,将饰面灰尘清理干净 |
| 罩面漆涂刷 | 当饰面清理干净后,对饰面进行罩面漆涂刷或喷涂(罩面漆涂刷或喷涂要均匀,厚薄一致,不得漏刷) |

（4）请写出乳胶漆的施工流程。

_____

_____

_____

_____

（5）请写出真石漆的施工流程。

_____

_____

_____

_____

_____

（6）请写出涂料施工的注意事项。

_____

_____

_____

_____

_____

操作标准

涂料施工各项操作的评分标准见表3.3。

表3.3　涂料施工各项操作的评分标准

| 程序 | 规范任务 | 分值 | 评分标准 | 扣分 | 得分 |
|---|---|---|---|---|---|
| 操作前准备 | 1. 正确佩戴安全帽、手套等安全装备 | 5 | 佩戴错误或不佩戴扣5分 | | |
| | 2. 认真参加进场前安全教育 | 5 | 未参加安全教育扣5分 | | |
| | 3. 检查工具仪器设备 | 3 | 未检查工具仪器设备扣3分 | | |
| | 4. 检查材料 | 2 | 未进行材料检查扣2分 | | |

续表

| 程序 | 规范任务 | 分值 | 评分标准 | 扣分 | 得分 |
|---|---|---|---|---|---|
| 操作流程 | 1.以小组为单位,有明确的分工内容 | 3 | 未进行小组分工扣2分 | | |
| | 2.基层处理 | 5 | 未对墙面进行灰块、浮渣等杂物用铲刀铲除扣3分 | | |
| | 3.满涂两遍腻子 | 10 | 第一遍未用胶皮刮板满刮腻子扣2分;待第一遍腻子干透后,未用粗砂纸打磨平整扣5分;未涂第二遍腻子扣3分 | | |
| | 4.底层涂料 | 5 | 施工未在干燥、清洁、牢固的层表面上进行扣5分;喷涂不均匀,有漏涂扣5分 | | |
| | 5.中层涂料 | 10 | 如发现有不平整之处,用腻子补平磨光扣3分,第一遍中层涂料施工后,未干燥4 h以上就进行下道磨光工序扣5分;未进行第二遍涂刷扣2分 | | |
| | 6.乳胶漆面层喷涂 | 10 | 未预先在局部墙面上进行试喷扣2分;未充分搅拌涂料扣3分;原则上未按喷涂顺序喷涂(可灵活处理该顺序)扣5分 | | |
| | 7.清扫 | 10 | 未进行清扫扣8分 | | |
| 操作后评价 | 1.按照操作流程规范 | 2 | 操作不规范扣2分 | | |
| | 2.与团队成员沟通顺畅 | 2 | 未与团队成员有效沟通扣2分 | | |
| | 3.喷涂是否存在凹凸不平、漏涂现象 | 10 | 发现可能造成不平整、漏涂的现象扣2分 | | |

续表

| 程序 | 规范任务 | 分值 | 评分标准 | 扣分 | 得分 |
|---|---|---|---|---|---|
| 回答问题 | 1.目的<br>(1)正确使用工具设备<br>(2)正确理解涂料的主要材料及其特征<br>(3)正确理解涂料的优缺点<br>2.注意事项<br>(1)安全注意事项<br>(2)工具使用方法正确 | 18 | 根据实际情况,发现有问题每项扣2分 | | |

任务 3.1 评价标准

| 工作流程 | 分值 | 任务内容 | 自评扣分<br>(A、B、C、D) | 小组评扣分<br>(A、B、C、D) | 教师评扣分<br>(A、B、C、D) |
|---|---|---|---|---|---|
| 用物准备 | 5 | 正确准备所用学习、实训设备,无漏项 | | | |
| | 5 | 认真参加安全教育 | | | |
| 涂料材料学习 | 10 | 课前学习相关涂料知识 | | | |
| | 5 | 认真填写学习过程内容 | | | |
| | 2 | 课上同老师进行交流互动 | | | |
| 涂料施工 | 3 | 用物准备正确,无漏项 | | | |
| | 5 | 认真理解涂料施工构造 | | | |
| | 5 | 完成施工准备 | | | |
| | 5 | 进行基层处理 | | | |
| | 5 | 满涂两遍腻子 | | | |
| | 5 | 正确完成底层涂料 | | | |
| | 5 | 正确涂刷中层涂料 | | | |
| | 10 | 乳胶漆、面层喷涂均匀、无漏涂 | | | |
| | 5 | 清除遮挡物,清扫飞溅的物料 | | | |
| 学习能力 | 5 | 按时完成 | | | |
| | 5 | 团队合作 | | | |
| | 5 | 精益求精 | | | |
| | 5 | 知识运用 | | | |
| | 5 | 操作熟练流畅,无事故 | | | |

注:A级,完成任务质量达到该项目的90%～100%;B级,完成任务质量达到该项目的80%～89%;C级,完成任务质量达到该项目的60%～79%;D级,完成任务质量小于该项目的60%。总分按各级最高等级计算。

## 任务 3.1 目标检测

**一、选择题**

1. 关于 107 胶和 108 胶的描述不正确的是(　　)。

A. 107 胶具有不起燃、价格较低、使用方便等特点,广泛用于建筑工程

B. 107 胶可单独使用,作为书刊装订胶、胶水用,建筑装修可用来粘贴壁纸和塑料地板

C. 由于 108 胶中甲醛含量严重超标,住建部将其列入被淘汰的建材产品名单中,不能用于家庭装修

D. 108 胶有良好的黏结性能,施工和易性好、黏结强度高、经济实用,适用于室内常温环境中墙、地砖的粘贴

2. 下列关于乳胶漆的优点说法不正确的是(　　)。

A. 环保

B. 施工方便,可以刷涂、辊涂、喷涂

C. 透气性好,耐水性好

D. 涂膜干燥慢

3. 关于真石漆的主要特点描述不正确的是(　　)。

A. 真石漆具有防火、防水、耐酸碱、耐污染、无毒、无味、黏结力强、永不褪色等特点

B. 能有效地阻止外界恶劣环境对建筑物侵蚀,延长建筑物的寿命

C. 由于真石漆具备良好的附着力和耐冻融性能,因此特别适合在温暖地区使用

D. 真石漆具有施工简便、易干省时、施工方便等优点

4. 关于防火涂料的描述中,下列说法错误的是(　　)。

A. 防火涂料可以有效延长可燃材料(如木材)的引燃时间

B. 阻止非可燃结构材料(如钢材)表面温度升高而引起强度急剧丧失

C. 阻止或延缓火焰的蔓延和扩展,使人们争取到灭火和疏散的宝贵时间

D. 为了节约成本,尽量不使用防火涂料

5. 关于界面剂的用途,描述错误的是(　　)。

A. 用于处理混凝土、加气混凝土、灰砂砖及粉煤灰砖等表面

B. 不能有效避免抹灰层空鼓、脱落、收缩开裂等问题

C. 使基层表面变得粗糙,大大增强新旧混凝土之间以及混凝土与抹灰砂浆的黏结力

D. 解决由于这些表面吸水性强或光滑引起界面不易粘接等问题

**二、简答题**

1. 通过查阅资料,列举几种常见的涂料相关材料。

_____

_____

_____

_____

2.通过查阅资料,描述乳胶漆施工工艺流程。

_____

_____

_____

_____

_____

# 任务 3.2　墙纸、墙布施工工艺

## 学习目标

1)知识目标

(1)能够叙述墙纸分类及其特征;

(2)能够叙述如何正确挑选墙纸、墙布;

(3)能够准备阐述墙纸、墙布装饰工程流程;

(4)能够叙述墙纸、墙布装饰施工过程中的注意事项。

2)技能目标

(1)能够深入解读墙纸、墙布装饰的基本构造;

(2)能够正确使用工具,完成墙纸、墙布装饰的施工;

(3)能够进行墙纸、墙布装饰工程验收。

3)素质目标

(1)提高团队协作能力、自律性;

(2)提升辨别事物的综合能力。

## 教学重难点
(1)教学重点:正确使用工具完成墙纸、墙布装饰实训。
(2)教学难点:墙纸的挑选及墙纸、墙布装饰实训项目的安排、组织和实施。

## 教学准备
(1)教学硬件:多媒体教室、计算机;
(2)教学软件:虚拟仿真实训平台、CAD;

（3）实操设备：水分测量仪、激光测距仪、刮板、短毛刷、强光手电筒、美工刀/刀片、海绵/毛巾、平压轮、保护膜、大裁刀、小毛刷、抹布、水桶、工具包、盒尺、铅笔、砂纸、笤帚等；

（4）实操材料：胶粉、基膜、石膏、大白、滑石粉、聚醋酸乙烯乳液、羧甲基纤维素、各种型号的壁纸、胶黏剂、嵌缝腻子、玻璃网格布等。

活动一　墙纸、墙布材料学习

☺ 学习目标

（1）能够叙述墙纸分类，并能简单列举纸基纸面墙纸和天然材料面墙纸的实例；

（2）能够叙述墙纸和墙布的区别；

（3）能够从经济环保方面阐述如何挑选壁纸；

（4）能够列举一部分新型墙纸类型。

🖰 建议学时

建议学时为 45 分钟。

🖉 课程思政建议

在墙纸和墙布材料的学习和选择中，建议以发展的眼光去对待，用辩证的思维辨别适合用户和设计要求的材料，做到以人为本；同时，材料的选择也要遵循环保、生态的理念，培养学生可持续发展观。

思政小案例

某住宅的装修过程中，由于壁纸色彩丰富、图案多样，且价格相对实惠，业主原本计划选择壁纸作为墙面的装饰材料。然而，在挑选壁纸时，业主发现市场上壁纸的种类繁多，品质良莠不齐，有些壁纸甚至存在甲醛等有害物质超标的问题。通过对市场墙面材料的了解，业主从以下几个方面对墙面装修材料的选用进行了思考：一是材料的安全性；二是材料的环保性；三是材料与整体风格和氛围的搭配性；四是后期维护与保养的便利性。权衡利弊后，业主最终选择了无味的环保漆作为装修材料，并根据装修风格，进行了色彩调配。通过此案例我们可以深入思考墙面装修的各种问题，从而作出更加明智的装修决策。同时，这个案例也提醒我们在装修过程中要关注材料的安全性和环保性，避免因装修材料带来的健康风险和环境问题。

🗒 学习过程

（1）请解释墙纸基膜及其性质。

_____

_____

_____

_____

（2）请列举胶粉的种类。

（3）请列举墙纸按面层材料的分类。

（4）请简述墙纸和墙布的区别。

（5）请阐述挑选墙纸、墙布的方法。

## 活动二　墙纸、墙布装饰施工

☺ 学习目标

(1)深入解读墙纸、墙布装饰的构造;

(2)叙述墙纸、墙布装饰的施工流程;

(3)正确使用工具完成墙纸、墙布装饰实训。

⌖ 建议学时

建议学时为135分钟。

✎ 课程思政建议

通过墙纸、墙布装饰实训,再次强化工匠精神和职业素养的养成,同时在施工过程中倡导积极保护施工现场,避免造成装饰污染。

**思政小案例**

张先生最近完成了一套新房的装修。在装修过程中,张先生选择了一种高质量的乳胶漆作为墙面的装饰材料,并且特意请了一位经验丰富的油漆工来进行施工。然而,在装修完成后不久,张先生发现墙面上出现了多处划痕和污渍,严重影响了墙面的美观度。经过调查,张先生发现这些划痕和污渍主要是由于在装修过程中没有做好成品保护所导致的。具体来说,有几个方面的原因:一是施工过程中的疏忽;二是成品保护意识不足;三是缺乏有效的保护措施。

我们作为建筑行业的一员,一定要提高成品保护意识,选择合适的保护材料和方法,加强施工过程中的监督和管理并及时处理损伤和污染。以后在实际工程建设中,要坚守自己的职业道德,不偷工减料,不减少工序。

⎁ 学习过程

(1)构造解读。用水泥石灰浆打底,使墙面平整,干燥后满刮腻子,并用砂纸磨平,然后用胶黏剂粘贴墙纸。

(2)墙纸、墙布施工。墙纸、墙布施工流程见表3.4。

表3.4　墙纸、墙布施工流程及其流程

| 流程 | 内容 |
|------|------|
| 工具准备 | 水分测量仪、激光测距仪、刮板、短毛刷、强光手电筒、美工刀/刀片、海绵/毛巾、平压轮、保护膜、大裁刀、小毛刷、抹布、水桶、工具包、盒尺、铅笔、砂纸、笤帚等 |
| 安全教育 | 1. 电动工具的使用安全教育;<br>2. 正确佩戴安全设施;<br>3. 实操过程中的安全;<br>4. 场地周边环境的安全 |

| 流程 | 内容 |
|------|------|
| 施工准备 | 1.准备好相关工具和材料；<br>2.清理墙面,保持干净、平整；<br>3.测量与裁剪,测量墙面高度和宽度,做好记号,标出垂直基线 |
| 基层处理 | 清理干净、平整、光滑 |
| 涂防潮涂料 | 防止墙纸、墙布受潮脱落 |
| 弹垂直线和水平线 | 保证墙纸、墙布横平竖直、图案正确 |
| 处理墙纸、墙布 | 1.塑料墙纸遇水、胶水会膨胀,因此要用水润纸,使塑料墙纸充分膨胀；<br>2.玻璃纤维基材的墙纸、墙布等,遇水无伸缩,无须润纸；<br>3.复合墙纸和纺织纤维墙纸也不宜闷水,裱糊时背面不能刷胶黏剂,只将胶黏剂刷在基层上；<br>4.金属壁纸裱糊前应浸水 1~2 min,阴干 5~8 min 在其背面刷胶 |
| 上墙裱贴、拼缝、搭接、对花 | 1.刷胶；<br>2.粘贴墙纸、墙布 |
| 赶压墙纸胶黏剂、清理多余胶水 | 赶压墙纸胶黏剂,不能留有气泡,挤出的胶要及时擦净 |

(3)写出墙纸、墙布装饰的施工流程。

_____

_____

_____

_____

(4)写出墙纸、墙布装饰施工的注意事项。

_____

_____

_____

_____

♨ 操作标准

墙纸、墙布施工各项操作的评分标准见表 3.5。

表 3.5　墙纸、墙布施工各项操作的评分标准

| 程序 | 规范任务 | 分值 | 评分标准 | 扣分 | 得分 |
|---|---|---|---|---|---|
| 操作前准备 | 1.正确佩戴安全帽、手套等安全装备 | 5 | 佩戴错误或不佩戴扣5分 | | |
| | 2.认真参加进场前安全教育 | 5 | 未参加安全教育扣5分 | | |
| | 3.检查工具仪器设备 | 3 | 未检查工具仪器设备扣3分 | | |
| | 4.检查材料 | 2 | 未进行材料检查扣2分 | | |
| 操作流程 | 1.以小组为单位,有明确的分工内容 | 3 | 未进行小组分工扣2分 | | |
| | 2.墙面清理干净 | 5 | 未进行墙面清理扣5分 | | |
| | 3.涂防潮涂料 | 5 | 未涂防潮涂料的扣5分 | | |
| | 4.弹垂直线和水平线 | 8 | 未测量墙面高度和宽度并做好记号并标出垂直基线扣5分;基线不规范扣3分 | | |
| | 5.处理墙纸、墙布 | 12 | 塑料墙纸未用水湿润的扣5分;在复合壁纸和纺织纤维壁纸上刷粘胶剂的扣5分 | | |
| | 6.上墙裱贴、拼缝、搭接、对花 | 10 | 墙纸、墙布上墙后未进行仔细拼缝扣5分;墙纸、墙布裱贴有缝隙扣5分 | | |
| | 7.赶压墙纸胶黏剂、清理多余胶水 | 10 | 贴完后,未进行胶黏剂赶压扣5分;未清理多余胶水扣5分 | | |
| 操作后评价 | 1.按照操作流程规范 | 2 | 操作不规范扣2分 | | |
| | 2.与团队成员沟通顺畅 | 2 | 未与团队成员有效沟通扣2分 | | |
| | 3.墙纸、墙布装饰粘贴是否存在不整齐现象 | 10 | 发现可能造成不平整、拼贴不整齐的现象扣2分 | | |

| 程序 | 规范任务 | 分值 | 评分标准 | 扣分 | 得分 |
|---|---|---|---|---|---|
| 回答问题 | 1. 目的<br>(1)正确使用工具设备<br>(2)正确理解墙纸、墙布的区别<br>(3)合理选择墙纸、墙布<br>2. 注意事项<br>(1)安全注意事项<br>(2)工具使用方法正确 | 18 | 根据实际情况,发现有问题每项扣2分 | | |

任务3.2 评价标准

| 工作流程 | 分值 | 任务内容 | 自评扣分<br>(A、B、C、D) | 小组评扣分<br>(A、B、C、D) | 教师评扣分<br>(A、B、C、D) |
|---|---|---|---|---|---|
| 用物准备 | 5 | 正确准备所用学习、实训设备,无漏项 | | | |
| | 5 | 认真参加安全教育 | | | |
| 墙纸、墙布学习 | 10 | 课前学习墙纸、墙布的相关知识 | | | |
| | 5 | 认真填写学习过程内容 | | | |
| | 2 | 课上同老师进行交流互动 | | | |
| 墙纸、墙布装饰施工 | 3 | 用物准备正确,无漏项 | | | |
| | 5 | 深入解读基本构造 | | | |
| | 5 | 完成墙面清理 | | | |
| | 5 | 涂防潮涂料 | | | |
| | 5 | 涂刷底胶 | | | |
| | 5 | 墙面弹垂直线和水平线 | | | |
| | 10 | 处理不同类型墙纸、墙布 | | | |
| | 5 | 上墙裱贴、拼缝、搭接、对花 | | | |
| | 5 | 赶压墙纸胶黏剂、清理多余胶水 | | | |
| 学习能力 | 5 | 按时完成 | | | |
| | 5 | 团队合作 | | | |
| | 5 | 精益求精 | | | |
| | 5 | 知识运用 | | | |
| | 5 | 操作熟练流畅,无事故 | | | |

注:A级,完成任务质量达到该项目的90%～100%;B级,完成任务质量达到该项目的80%～89%;C级,完成任务质量
达到该项目的60%～79%;D级,完成任务质量小于该项目的60%。总分按各级最高等级计算。

任务 3.2 目标检测

**一、选择题**

1. 当壁纸颜色不一致时,对有对称花纹或无规则花纹壁纸有色差时,可用(　　)法施工。

A. 水平对花　　　　B. 高低对花　　　　C. 调头对花　　　　D. 重新裱贴

2. 当壁纸墙面有胶包、气泡时,可用(　　)处理多余的胶液。

A. 胶辊　　　　B. 注射器　　　　C. 刮板　　　　D. 毛巾

3. 壁纸墙面接缝比较明显时,可用(　　)点描在接缝处。

A. 油漆　　　　B. 乳胶漆　　　　C. 涂料　　　　D. 腻子

4. 在壁纸背面刷胶时应做到(　　)。

A. 厚薄均匀,无流坠　　　　　　　　B. 接缝处多刷

C. 流畅自然　　　　　　　　　　　　D. 接缝处少刷

5. 弹划基准线时应根据(　　)进行。

A. 房间大小,门窗位置,墙纸宽度和花纹图案

B. 房间层高,门窗位置,墙纸宽度

C. 门窗位置,房间层高,墙纸宽度

D. 门窗位置,墙纸宽度

**二、简答题**

1. 通过查阅资料,请写出墙纸、墙布装饰工艺流程。

_____

_____

_____

_____

2. 查阅资料,试分析裱贴的壁纸墙面被污染后斜视有胶痕的原因。

_____

_____

_____

_____

## 任务3.3 软包墙面施工工艺

📖 学习目标

1）知识目标

（1）能够叙述软包工程的概念；
（2）能够正确叙述软包墙面的施工流程；
（3）能够叙述软包墙面施工过程中的注意事项。

2）技能目标

（1）能够正确识读墙面软包人造皮革构造详图；
（2）能够正确使用工具,完成软包墙面的施工；
（3）能够进行软包工程验收。

3）素质目标

（1）提升自主学习能力和探索能力；
（2）培养职业道德和严谨态度。

✍ 教学重难点
（1）教学重点:能够正确使用工具完成软包工程实训。
（2）教学难点:软包工程实训项目的安排、组织和实施。

⌛ 教学准备
（1）教学硬件:多媒体教室、计算机；
（2）教学软件:虚拟仿真实训平台、CAD；
（3）实操设备:木工工作台,电锯,电刨,冲击钻,手枪钻,切、裁织物布、革工作台,钢板尺（1m长）,裁切刀具,毛巾,塑料水桶,塑料脸盆,油工刮板,小辊,开刀,毛刷,排笔,擦布或棉丝,砂纸,长卷尺,盒尺,锤子,各种形状的木工凿子,线锯,铝制水平尺,方尺,多用刀,弹线用的粉线包,墨斗,小白线,笤帚,托线板,线坠,红铅笔,工具袋等；
（4）实操材料:软包墙面木框、龙骨、底板、面板,包括龙骨料一般用红、白松烘干料,胶合板（五合板）,外饰面用的压条,分格框料和木贴脸等面料；辅料有防潮纸或油毡、乳胶、钉子（长度应为面层厚的2~2.5倍）、木螺丝、木砂纸、氟化钠（纯度应在75%以上,不含游离氟化氢,其黏度应能通过120号筛）或石油沥青（一般采用10号、30号建筑石油沥青）等。

活动一　软包材料学习

☺ 学习目标

(1)叙述软包制作用到的主要材料,并能简单列举墙面软包实例;

(2)能够叙述底板、面板、主要材料;

(3)能够从经济、环保等方面阐述填充物、饰件选择的理由。

🖱 建议学时

建议学时为 45 分钟。

✐ 课程思政建议

在软包材料方面,建议从生态环保、保护动物等方面考虑软包材料的选择。目前不少人追求奢华的装修,选择昂贵的动物皮质材料及动物毛作为填充物。引入保护动物、人与自然和谐相处等理念,呼吁人们不要为了一己私念,促使一部分不法分子肆意残害生命。

**思政小案例**

张某将剧毒物质呋喃丹出售给褚某等人,褚某等人在国家级自然保护区及周边山林投放呋喃丹,并将被毒杀的大雁、野鸭等动物出售给张某,张某收购褚某等人非法狩猎的野生动物 1 418 只。公安机关人员在张某住处查获大量野生动物。经鉴定,被查扣的动物均为国家"三有"保护动物。案件审理期间,在检察机关提起刑事附带民事公益诉讼。经法院审理,张某、褚某等人违反狩猎相关法规,在禁猎区使用禁用的方法进行狩猎,破坏野生动物资源,情节严重,其行为构成非法狩猎罪。法院依法对被告人判处拘役 2 个月缓刑 4 个月至有期徒刑 8 个月不等的刑罚。检察机关就本案提起的公益诉讼,经法院调解达成一致意见,各被告除支付相应的国家生态资源损失费、鉴定评估费等外,还要以劳务代偿的替代性方式修复生态环境,服务期限均为 3 年。保护野生动物、使用生态材料是每位公民应尽的责任。

🖳 学习过程

(1)请列举可用作软包材料底板的材料及其特性。

_____

_____

_____

_____

_____

（2）请详细描述面料一般选用的材料。

_____

_____

_____

_____

_____

（3）请描述填充物及其主要特征。

_____

_____

_____

_____

_____

## 活动二　墙面软包施工

☺ 学习目标

（1）能够正确识读墙面软包构造详图；

（2）能够叙述墙面软包施工流程；

（3）能够正确使用工具完成墙面软包施工实训。

⏱ 建议学时

建议学时为 135 分钟。

✎ 课程思政建议

通过墙面软包施工实训，积极探索新材料、新工艺，以掌握先进制造技术，勇于创新，为"中国制造 2025"作贡献。

**思政小案例**

梁骏：二十年攻坚克难，自主创新做强民族芯片

"全国五一劳动奖章"获得者，杭州国芯首席技术专家梁骏，二十年如一日，带领团队在芯片"卡脖子"的关键技术上攻坚克难。他用 3 年的时间突破了 0.18 μm 芯片设计的难点，又用 10 年的时间全面掌握了 40 nm 的关键技术；2020 年，他一举突破 22 nm 的技术关口，自主掌握了从 0.18 μm 到 22 nm 各类集成电路工艺的设计能力。梁骏在接受央视网记者采访时表

示,芯片的神奇之处在于,只有指甲盖大小的面积却包含了几千万甚至几亿个晶体管,工艺越先进,数量就越多。如果达到 22 nm 工艺,就相当于在头发丝的横截面上画出 1 000 多个同心圆。而芯片设计的难点也在于此,几亿条电路集成在方寸之间,难免互相干扰,能否解决干扰问题成为芯片设计成败的关键。梁骏带领团队克服困难,研发出了适用于电梯的智能语音识别控制算法,其产品已应用在武汉市第六人民医院等场所,为疾病防控提供了技术支撑。这些年,他潜心研发,累计获得发明专利 12 项、实用新型专利 6 项、集成电路布图设计专有权 17 项,打通了从设计到产品的"最后一公里",产品荣获中国半导体创新产品奖等多项荣誉。这个案例告诉我们,只有加强自力更生的能力,靠创新驱动,未来才不会受制于人。

🔄 学习过程

(1)识图:墙面软包构造如图 3.1 所示。

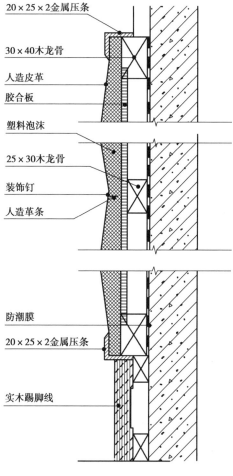

图 3.1　墙面软包构造图

（2）墙面软包施工。墙面软包施工流程及其内容见表3.6。

表3.6　墙面软包施工流程及其内容

| 流程 | 内容 |
|---|---|
| 工具准备 | 木工工作台,电锯,电刨,冲击钻,手枪钻,切、裁织物布、革工作台,钢板尺(1 m长),裁切刀,毛巾,塑料水桶,塑料脸盆,油工刮板,小辊,开刀,毛刷,排笔,擦布或棉丝,砂纸,长卷尺,盒尺,锤子,各种形状的木工凿子,线锯,铝制水平尺,方尺,多用刀,弹线用的粉线包,墨斗,小白线,笤帚,托线板,线坠,红铅笔,工具袋等 |
| 安全教育 | 1.电动工具的使用安全教育;<br>2.正确佩戴安全设施;<br>3.实操过程中的安全;<br>4.环境场地的安全 |
| 施工准备 | 1.混凝土以及墙面抹灰已经完成,基层按设计要求木砖或者木筋已经埋设,水泥砂浆找平层已经抹完灰并刷冷底油且经由干燥,含水率不大于8%,木材制品的含水率不大于12%;<br>2.需要水电及装备,顶墙上预留预埋件已经完成;<br>3.房间里的吊顶分项工程基本完成,并与设计要求相符;<br>4.房间里的木护墙以及细木装修底板已经基本完成,并与设计要求相符 |
| 基层处理 | 1.基层平整:检查墙面及基层的垂直度、平整度,其数值不得大于3 mm;<br>2.弹线;<br>3.预埋木楔:在结构墙上预埋木楔,木楔应做防腐处理且不削尖,直径应略大于孔径,钉入后端部与墙面齐平;<br>4.防潮处理:完成木楔预埋后,将孔隙与缝隙用腻子嵌平密实,待腻子干燥后(墙面基层的含水率不得大于8%),用砂纸磨平,基层表面满刷清油一道 |
| 安装木龙骨 | 1.木龙骨应厚度一致(一般为20~50 mm×40~50 mm截面的木方条),跟线钉在木楔上且钉头砸扁,冲入2 mm,如墙面上安装开关插座,在铺钉木基层时应加钉电气盒框格;<br>2.用靠尺检查龙骨面的垂直度和平整度,偏差应不大于3 mm |
| 安装胶合板 | 1.胶合板在铺钉前应在板背面涂刷防火涂料;<br>2.使木龙骨与胶合板接触的一面平整;<br>3.用气钉枪将胶合板钉在木龙骨上,胶合板的接缝应设置在木龙骨上,钉头应埋入板内,使其牢固平整 |
| 安装软包面层 | 1.在木基层上画出墙、柱面上软包的外框及造型尺寸并制作框格(或使用成品型条),将制作好的框格(或使用成品型条)铺钉在胶合板上;<br>2.用建筑胶黏剂将泡沫塑料块粘贴于框格内,将裁切好的面料连同保护层用的塑料薄膜覆盖在泡沫塑料块上;<br>3.用压角木线压住面料的上边缘,在展平面料后用气钉枪钉牢木线,然后绷紧展平的面料,钉其下边缘的木线;<br>4.用大而且比较锋利的铲刀沿木线的外缘裁切下多余的面料与塑料薄膜 |
| 修整 | 软包安装完毕后,应全面检查和修整,接缝处理要精细,做到横平竖直、框口端正 |

（3）写出墙面软包的施工流程。

_____

_____

_____

_____

_____

（4）写出墙面软包施工的注意事项。

_____

_____

_____

_____

_____

👉 操作标准

墙面软包施工各项操作的评分标准见表3.7。

表3.7 墙面软包施工各项操作的评分标准

| 程序 | 规范任务 | 分值 | 评分标准 | 扣分 | 得分 |
|------|---------|------|---------|------|------|
| 操作前准备 | 1.正确佩戴安全帽、手套等安全装备 | 5 | 佩戴错误或不佩戴扣5分 | | |
| | 2.认真参加进场前安全教育 | 5 | 未参加安全教育扣5分 | | |
| | 3.检查工具仪器设备 | 3 | 未检查工具仪器设备扣3分 | | |
| | 4.检查材料 | 2 | 未进行材料检查扣2分 | | |
| 操作流程 | 1.以小组为单位,有明确的分工内容 | 3 | 未进行小组分工扣2分 | | |
| | 2.地面清理干净、垃圾清理 | 5 | 未进行地面清理扣5分 | | |
| | 3.施工准备 | 10 | 未检查混凝土以及墙面抹灰是否已经完成扣2分;未检查水泥砂浆找平层是否已经抹完灰并刷冷底油,且经过干燥扣5分;检查不认真、敷衍扣3分 | | |

续表

| 程序 | 规范任务 | 分值 | 评分标准 | 扣分 | 得分 |
|---|---|---|---|---|---|
| 操作流程 | 4. 基层处理 | 5 | 基层平整。未检查墙面及基层的垂直度、平整度扣3分;未做弹线防潮处理扣2分 | | |
| | 5. 安装木龙骨 | 10 | 木龙骨厚度不一致扣5分,木龙骨跟线钉在木楔上且钉头未砸扁扣3分;如墙面上安装开关插座,在铺钉木基层时未加钉电气盒框格扣2分 | | |
| | 6. 安装胶合板 | 8 | 胶合板在铺钉前未在板背面涂刷防火涂料扣3分;木龙骨与胶合板接触的一面不平整扣3分;胶合板的接缝未设置在木龙骨上,钉头未埋入板内扣2分 | | |
| | 7. 安装软包面层 | 10 | 未在木基层上画出墙上软包的外框及造型尺寸并制作框格扣2分;将裁切好的面料连同保护层用的塑料薄膜覆盖在泡沫塑料块上扣3分;未沿木线的外缘裁切下多余的面料与塑料薄膜扣5分 | | |
| | 8. 修整 | 2 | 软包安装完毕,未全面检查和修整扣2分 | | |
| 操作后评价 | 1. 按照操作流程规范 | 2 | 操作不规范扣2分 | | |
| | 2. 与团队成员沟通顺畅 | 2 | 未与团队成员有效沟通扣2分 | | |
| | 3. 安装是否存在不整齐现象 | 10 | 发现可能造成不平整、安装不整齐的现象扣2分 | | |

续表

| 程序 | 规范任务 | 分值 | 评分标准 | 扣分 | 得分 |
|---|---|---|---|---|---|
| 回答问题 | 1.目的<br>(1)正确使用工具设备<br>(2)正确理解软包的使用场所<br>(3)正确理解软包工程的组成部分<br>2.注意事项<br>(1)安全注意事项<br>(2)工具使用方法正确 | 18 | 根据实际情况,发现有问题每项扣2分 | | |

任务3.3 评价标准

| 工作流程 | 分值 | 任务内容 | 自评扣分<br>(A、B、C、D) | 小组评扣分<br>(A、B、C、D) | 教师评扣分<br>(A、B、C、D) |
|---|---|---|---|---|---|
| 用物准备 | 5 | 正确准备所用学习、实训设备,无漏项 | | | |
| | 5 | 认真参加安全教育 | | | |
| 软包材料学习 | 10 | 课前学习软包的相关知识 | | | |
| | 5 | 认真填写学习过程内容 | | | |
| | 2 | 课上同老师进行交流互动 | | | |
| | 5 | 认真阅读制图规范 | | | |
| 墙面软包施工 | 3 | 用物准备正确,无漏项 | | | |
| | 5 | 完成地面、墙面清理 | | | |
| | 5 | 检查相关工程是否基本完成 | | | |
| | 5 | 正确安装木龙骨 | | | |
| | 5 | 在胶合板背面涂刷防火涂料并完成胶合板安装 | | | |
| | 10 | 完整、准确安装软包面层 | | | |
| | 5 | 用大且比较锋利的铲刀沿木线的外缘裁切下多余的面料与塑料薄膜 | | | |
| | 5 | 软包安装完毕后,全面检查和修整,接缝处理是否精细,是否做到横平竖直、框口端正 | | | |

续表

| 工作流程 | 分值 | 任务内容 | 自评扣分<br>(A、B、C、D) | 小组评扣分<br>(A、B、C、D) | 教师评扣分<br>(A、B、C、D) |
|---|---|---|---|---|---|
| | 5 | 按时完成 | | | |
| | 5 | 团队合作 | | | |
| 学习能力 | 5 | 精益求精 | | | |
| | 5 | 知识运用 | | | |
| | 5 | 操作熟练流畅,无事故 | | | |

注:A 级,完成任务质量达到该项目的 90% ~100%;B 级,完成任务质量达到该项目的 80% ~89%;C 级,完成任务质量达到该项目的 60% ~79%;D 级,完成任务质量小于该项目的 60%。总分按各级最高等级计算。

## 任务 3.3 目标检测

**一、选择题**

1. 对软包面料及填塞料的阻燃性能严格把关,达不到(　　)要求的,不予使用。

A. 防滑　　　　　　　B. 防盗　　　　　　　C. 防火　　　　　　　D. 防潮

2. 软包工程安装中垂直度的检验方法是(　　)。

A. 用 1 m 垂直检测尺检查　　　　　　B. 用 2 m 垂直检测尺检查

C. 用 3 m 垂直检测尺检查　　　　　　D. 用 4 m 垂直检测尺检查

3. KTV 包房一般采用以(　　)为主的装饰材料。

A. 墙纸　　　　　　　B. 涂料　　　　　　　C. 板材　　　　　　　D. 织物

4. 软包工程中墙面填充料不饱满,会造成(　　)现象。

A. 软包工程表面污染、不洁净,图案不清晰、有色差

B. 软包表面凹凸不平

C. 软包墙面龙骨衬板边框翘曲变形

D. 软包墙面局部有皱褶、松紧不适应现象

5. 下列不属于软包工程常见质量问题的是(　　)。

A. 自由脱落　　　　　　　　　　　B. 翘边

C. 翘缝　　　　　　　　　　　　　D. 软包面不平、发霉

**二、简答题**

1. 通过查阅资料,写出墙面软包施工的工艺流程。

_____

_____

_____

_____

2.通过查阅资料,描述软包工程质量检验与验收的主控项目及其检查方法。

_____

_____

_____

_____

# 任务 3.4　石材墙面干挂施工工艺

## 学习目标

1)知识目标

(1)能够叙述不同石材的基本特点;
(2)能够正确叙述石材墙面干挂装饰工程的施工流程;
(3)能够叙述石材墙面干挂装饰施工过程中的注意事项。

2)技能目标

(1)能够正确识读石材墙面干挂装饰构造详图;
(2)能够正确使用工具,完成石材墙面干挂装饰的施工;
(3)能够进行石材墙面干挂装饰工程验收。

3)素质目标

(1)提升团队协作、组织实训的能力;
(2)培养探索自然、精益求精的工作态度。

## 教学重难点

(1)教学重点:能够正确使用工具完成石材墙面干挂装饰实训。
(2)教学难点:石材墙面干挂装饰实训项目的安排、组织和实施。

## 教学准备

(1)教学硬件:多媒体教室、计算机;
(2)教学软件:虚拟仿真实训平台、CAD;
(3)实操设备:电焊机、氩弧焊机、金属切割机、油压手提冲击钻、台钻、云石切割机、磨光

机、台式钻床、台锯、安全帽、铁掀、手套、脚手架、扳手、靠尺、水平尺、盒尺、墨斗、锤子等;

（4）实操材料:石材、不锈钢垫片、泡沫棒、膨胀螺栓、不锈钢或铝合金挂件、平垫、弹簧垫、云石胶、环氧胶黏剂、嵌缝膏（耐候胶）、水泥、颜料等。

## 活动一　干挂石材材料学习

☺ 学习目标

（1）能够叙述常用于室内墙面干挂石材的种类;

（2）能够叙述石材幕墙一般采用的方法;

（3）能够从安全、经济环保方面叙述石材选择的意向。

🖑 建议学时

建议学时为 45 分钟。

✏ 课程思政建议

通过石材内容的学习,了解市场上的石材的种类及其安装施工的要点,引出施工工人群体的不易,引导学生尊重劳动群众、尊重默默奉献的人。

**思政小案例**

石材铺贴工人王师傅的一天

天刚蒙蒙亮,王师傅——一名石材墙体铺贴工人,已经早早地来到了工地。他身穿厚重的工作服,戴着粗糙的手套,准备开始新一天的石材铺贴工作。他首先用尺子和墨线在墙面上标出石材的位置和尺寸,然后用专门的石材切割机将石材切割成合适的形状和大小。他扛起一块块重达几十公斤的石材,稳步走到墙面前,然后小心翼翼地将石材放置在预定的位置上。这个过程需要极高的耐心和精确度,因为一旦石材放置不当,就可能导致整个墙体的不平整和美观度受损。在铺贴过程中,王师傅需要不断调整石材的位置和角度,确保它们紧密贴合在一起,没有缝隙和错位。这需要使用专业的工具和技巧,同时也需要丰富的经验和敏锐的观察力。王师傅的工作服已经被汗水湿透,但他仍然坚持工作,没有半点怨言。他的双手已经被石材的边角磨得通红,但他仍然一丝不苟地完成每一个步骤。他的眼神专注而坚定,仿佛在与每一块石材进行无声的较量。

这就是一线石材墙体铺贴工人王师傅的一天。他用汗水和坚韧,将一块块冰冷的石材变成了温暖的家园。他的故事,是无数一线建筑工人辛勤付出的缩影。

🏳 学习过程

（1）石材按种类划分主要包括哪些?

_____

_____

_____

(2)请列举常见的天然石材。

(3)请描述天然石材板安装施工的要点。

(4)请列举人造砂岩的特征。

(5)请描述干挂胶黏剂各组分充分搅匀后的特征。

## 活动二 石材墙面干挂装饰施工

☺ 学习目标

(1)正确识读石材墙面干挂构造详图;

(2)叙述石材墙面干挂装饰施工流程;

(3)正确使用工具完成石材墙面干挂装饰实训。

⏱ 建议学时

建议学时为 135 分钟。

✐ 课程思政建议

通过石材墙面干挂装饰施工实训,在实践中提醒学生注意每一个细节,不错漏每一个步骤,具备设计师和施工员的责任担当和工匠精神。

**思政小案例**

有一只瞎了一只眼的鹿,来到河边吃草。它用那只完好的眼睛看着陆地,随时警戒着,看是否有猎人来,而用那只看不见的眼睛向着河,因为它以为河面上绝不会有危险。过了一会儿,河里游来一条鳄鱼,一口咬住鹿并把它拖下了水。鹿在临死时自言自语地说:"我真是太疏忽了,以为只要注意比较危险的陆地就可以了,没想到我认为安全的河,却反而是最危险的地方。"

类似故事其实在企业中很常见,很多的时候我们就只盯着自认为最危险的地方和风险最大的地方,而忽略了需要时刻警惕的"非风险点"。殊不知,很多时候未被识别的风险或者说被我们忽视的风险才是最大的隐患。

🗒 学习过程

(1)识图:石材墙面干挂构造如图 3.2 所示。

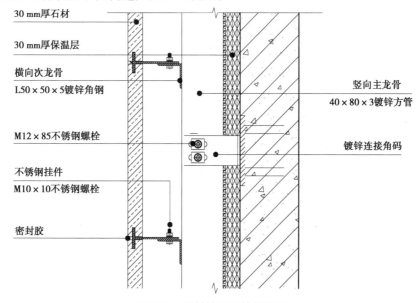

图 3.2 石材墙面干挂构造图

（2）石材墙面干挂装饰施工。石材墙面干挂施工流程及其内容见表3.8。

表 3.8　石材墙面干挂装饰施工流程及其内容

| 流程 | 内容 |
| --- | --- |
| 工具准备 | 电焊机、氩弧焊机、金属切割机、油压手提冲击钻、台钻、云石切割机、磨光机、台式钻床、台锯、安全帽、铁锹、手套、脚手架、扳手、靠尺、水平尺、盒尺、墨斗、锤子等 |
| 安全教育 | 1. 电动工具的使用安全教育；<br>2. 正确使用安全设施；<br>3. 实操过程中的安全问题；<br>4. 环境场地中的安全问题 |
| 施工准备 | 1. 准备主要材料：石材板块、龙骨杆件、不锈钢支座及紧固件、各类石材专用胶；<br>2. 将墙面清理干净 |
| 测量放线 | 1. 清理预埋件进行测量放线；<br>2. 以土建单位提供的基准线为依据，弹出中心线、水平直线及花岗岩面线 |
| 安装龙骨 | 1. 根据设计图样要求，按实际放线的位置，将龙骨点焊在锚固点上（点焊处一要牢固，二要便于调节，整个钢架龙骨进行垂直度、水平度、直线度的校正，调整合格后电焊固定，电焊焊缝必须符合设计要求）；<br>2. 焊后进行良好的防锈处理 |
| 安装石材 | 1. 做好充分的准备工作（人员、材料、施工现场）；<br>2. 检查验收石板板块；<br>3. 根据中心线、水平直线和墙面线在两头用板材找平拉直，放好横线再从中间线端头开始安装，安装时随时用靠线板靠直靠平，保证板与板交接处四角平整；<br>4. 用支承金属件直接支承各块石板，上部石板的重量不能转移到下部板块上，地承金属件应采用不锈钢材料，支承件应便于调节安装 |
| 调整并固定 | 调整石材安装摆放的位置是否平整、规范 |
| 验收 | 1. 饰面板表面平整、洁净、色泽一致，无划痕、磨痕、翘曲、裂纹和缺损，石材表面应无泛碱等污染；<br>2. 饰面板上的空洞套割应尺寸准确、边缘整齐、与电器盒盖交接严密、吻合；<br>3. 饰面板接缝应平直、光滑、宽窄一致、纵横交缝无明显错台错位，若使用嵌缝材料，填嵌应连续、密实，深度、颜色应符合设计要求，密缝饰面无明显缝隙，缝线平直，有特殊要求的饰面板安装应符合设计及产品说明书要求，钉眼应设在不明显处，并尽量遮盖 |

（3）写出石材墙面干挂装饰的施工流程。

_____

_____

_____

(4)写出石材墙面干挂装饰施工的注意事项。

☝ 操作标准

石材墙面干挂装饰施工各项操作的评分标准见表3.9。

表 3.9 石材墙面干挂装饰施工各项操作的评分标准

| 程序 | 规范任务 | 分值 | 评分标准 | 扣分 | 得分 |
|---|---|---|---|---|---|
| 操作前准备 | 1.正确佩戴安全帽、手套等安全装备 | 5 | 佩戴错误或不佩戴扣5分 | | |
| | 2.认真参加进场前安全教育 | 5 | 未参加安全教育扣5分 | | |
| | 3.检查工具仪器设备 | 3 | 未检查工具仪器设备扣3分 | | |
| | 4.检查材料 | 2 | 未进行材料检查扣2分 | | |
| 操作流程 | 1.以小组为单位,有明确的分工内容 | 3 | 未进行小组分工扣2分 | | |
| | 2.地面清理、垃圾清理、墙面清理 | 5 | 未进行地面清理尤其是墙面清理扣5分 | | |
| | 3.清理预埋件,进行测量放线 | 10 | 未进行预埋件清理扣2分;未以土建单位提供的基准线为依据,弹出中心线、水平直线及花岗岩面线扣6分 | | |

续表

| 程序 | 规范任务 | 分值 | 评分标准 | 扣分 | 得分 |
|---|---|---|---|---|---|
| 操作流程 | 4. 安装龙骨 | 10 | 未根据实际放线的位置,将龙骨点焊在锚固点上扣5分;点焊处不牢固扣2分;未进行良好的防锈处理扣3分 | | |
| | 5. 安装石材 | 12 | 未进行人员、石材、场地准备安排的扣3分;未检查验收石板板块的扣2分;安装时未用靠线板随时靠直靠平,保证板与板交接处四角平整的扣5分;支承件不便于调节安装的扣2分 | | |
| | 6. 调整并固定 | 8 | 未调整石材安装摆放位置是否平整、规范扣5分 | | |
| | 7. 验收 | 5 | 饰面板表面未达到平整、洁净、色泽一致,无划痕、磨痕、翘曲、裂纹和缺损的要求扣3分,石材表面有泛碱等污染扣2分 | | |
| 操作后评价 | 1. 按照操作流程规范 | 2 | 操作不规范扣2分 | | |
| | 2. 与团队成员沟通顺畅 | 2 | 未与团队成员有效沟通扣2分 | | |
| | 3. 安装的石材表面是否有泛碱等污染 | 10 | 石材表面有泛碱等污染扣3分 | | |
| 回答问题 | 1. 目的<br>(1)正确使用工具设备<br>(2)正确辨别不同的石材<br>(3)正确理解石材的分类和基本特性<br>2. 注意事项<br>(1)安全注意事项<br>(2)工具使用方法正确 | 18 | 根据实际情况,发现有问题每项扣2分 | | |

任务 3.4 评价标准

| 工作流程 | 分值 | 任务内容 | 自评扣分（A、B、C、D） | 小组评扣分（A、B、C、D） | 教师评扣分（A、B、C、D） |
|---|---|---|---|---|---|
| 用物准备 | 5 | 正确准备所用学习、实训设备，无漏项 | | | |
| | 5 | 认真参加安全教育 | | | |
| 干挂石材学习 | 10 | 课前学习干挂石材的相关知识 | | | |
| | 5 | 认真填写学习过程内容 | | | |
| | 2 | 课上同老师进行交流互动 | | | |
| | 5 | 认真阅读制图规范 | | | |
| 石材墙面干挂装饰施工 | 3 | 用物准备正确，无漏项 | | | |
| | 5 | 完成地面、墙面、环境清理 | | | |
| | 5 | 清理预埋件，进行测量放线 | | | |
| | 5 | 根据设计图样要求，按实际放线的位置，将龙骨点焊在锚固点上 | | | |
| | 5 | 焊后进行良好的防锈处理 | | | |
| | 10 | 检查验收石板板块；根据中心线、水平直线和墙面线在两头用板材找平拉直，放好横线，再从中间线端头开始安装石材 | | | |
| | 5 | 调整石材安装摆放的位置规范、平整 | | | |
| | 5 | 验收干挂石材安装成果 | | | |
| 学习能力 | 5 | 按时完成 | | | |
| | 5 | 团队合作 | | | |
| | 5 | 精益求精 | | | |
| | 5 | 知识运用 | | | |
| | 5 | 操作熟练流畅，无事故 | | | |

注：A 级，完成任务质量达到该项目的 90% ~100% ；B 级，完成任务质量达到该项目的 80% ~89% ；C 级，完成任务质量达到该项目的 60% ~79% ；D 级，完成任务质量小于该项目的 60% 。总分按各级最高等级计算。

任务 3.4 目标检测

**一、选择题**

1. 下列不属于按石材种类划分的是(    )。

A. 天然石材          B. 粗面石材          C. 复合石材          D. 人造石材

2. 下列不属于人造合成石板的是(    )。

A. PC 合成石板                          B. 水泥基合成石板

C. PMC 聚合物改性水泥基合成石板          D. 石材基石材复合板

3. 关于天然石材板安装施工要点,下列说法不正确的是(    )。

A. 找规矩,放线,无须按照石材样板图在墙面分别弹出墙面石材分块线

B. 安装前应进行初步拼装,对板材的色差进行调整,使其色调花纹基本协调

C. 板材加工厂应对石材进行编号,安装时宜按从下到上顺序安装

D. 石材的开槽应采用开槽机在厂进行,开槽的宽度、长度和开槽距离石材的两端部的距离应符合相关规定

4. 关于人造砂岩的特征,下列说法错误的是(    )。

A. 人造砂岩是一种无放射性、耐酸碱、寿命长、硬度好的材料

B. 人造砂岩是一种无毒无味、无污染、自防水的绿色环保建筑装饰材料

C. 人造砂岩造型逼真、可塑性强

D. 人造砂岩比较坚硬,不可随意定制任意图案和规格的产品

5. 下列石材不属于按表面加工程度分类的是(    )。

A. 镜面石材(JM):表面具有镜面光泽的石材

B. 亚光面石材(YM):表面细腻,能使光线产生漫反射现象的石材

C. 粗面石材(CM):表面粗糙规则有序的石材

D. 光面石材(GM):表面十分光滑的石材

**二、简答题**

1. 通过查阅资料,写出石材墙面干挂装饰工艺流程。

_____

_____

_____

_____

2. 通过查阅资料,描述石材墙面干挂装饰在安装前支撑龙骨结构应该做的准备工作。

_____

_____

---

---

---

## 任务 3.5　墙砖铺贴施工工艺

### 🖻 学习目标

1）知识目标

（1）能够叙述出贴面类墙面贴面材料包括的材料；

（2）正确叙述出墙砖铺贴施工流程；

（3）能够叙述出墙砖铺贴施工过程中的注意事项。

2）技能目标

（1）能够正确识读墙面砖贴面构造详图；

（2）正确使用工具完成墙砖铺贴；

（3）能够进行墙砖铺贴工程验收。

3）素质目标

（1）提升综合运用能力；

（2）提升理实结合的实操能力。

### ✐ 教学重难点

（1）教学重点：正确使用工具完成墙砖铺贴实训。

（2）教学难点：墙砖铺贴实训项目的安排、组织和实施。

### ⧗ 教学准备

（1）教学硬件：多媒体教室、计算机；

（2）教学软件：虚拟仿真实训平台、CAD；

（3）实操设备：瓷砖十字架、瓷砖切割机、抹泥刀、齿刮板、水平尺、找平器、橡胶锤等；

（4）实操材料：切割工具、地砖找平器、齿刮板、抹泥刀、瓷砖胶、塑料薄片、尼龙线、白布、灰铲、云石机、抹布、填缝剂、手套、安全帽、脚手架等。

活动一　墙砖材料学习

☺ 学习目标

（1）叙述哪些是墙面贴面材料；

（2）能叙述墙砖的分类，并能列举常见的墙砖；

（3）能够在选择墙面砖时具备综合考虑的能力。

☝ 建议学时

建议学时为 45 分钟。

✐ 课程思政建议

在墙面砖的学习和选择中，应本着环境保护和文化自信等观念，在墙砖的制作过程中，以环保的新发展理念作为引导，同时引入中国的传统瓷砖烧制技术介绍，让学生重视传统文化，增强文化自信。

**思政小案例**

敦煌的女儿——樊锦诗

樊锦诗曾是北京大学的天之骄子，却在 1963 年毕业后奔赴了敦煌这座位于西北荒漠中的小镇，与她的老师段文杰一样，开始了与敦煌几十年的"厮守"时光。当时在自然环境破坏、洞窟本体老化与游客蜂拥而至的三重威胁下，莫高窟一度岌岌可危。樊锦诗为了让这些存留千年的脆弱艺术瑰宝"活"得更久，大胆提出了"数字敦煌"构想。"数字敦煌"是一项敦煌保护的虚拟工程，利用现代数字技术拍摄、扫描、存储敦煌石窟文物信息。樊锦诗和她的团队利用数字技术，为每一个洞窟、每一幅壁画、每一尊彩塑建立数字档案，让莫高窟"容颜永驻"。樊锦诗把自己的青春和生命融入莫高窟保护、研究事业中，只要一说起敦煌，已是高龄的她，仍似孩子般手舞足蹈，眼里透着光亮。

🖵 学习过程

（1）请列举主要的墙面贴面材料。

_____

_____

_____

_____

_____

（2）请详细描述常见的内墙砖。

_____

（3）请描述马赛克的特性。

（4）请列举墙砖搭配的注意事项。

（5）请列举墙砖清洁养护的方法。

## 活动二　墙砖铺贴

☺ 学习目标

（1）正确识读墙面砖贴面构造详图；

（2）叙述墙砖铺贴的施工流程；

（3）正确使用工具完成墙砖铺贴实训。

🕐 **建议学时**

建议学时为 135 分钟。

🖊 **课程思政建议**

通过墙砖铺贴实训,以墙砖铺贴失败案例为出发点,通过案例分析和反思,不断塑造学生的责任感和精益求精的职业精神。

**思政小案例**

目前装饰施工过程中不少人由于缺少责任感,在铺贴过程中出现较多问题。某公司施工队长在某项目施工过程中,为了赶工期,铺贴前没有做好排版图,出现窄条砖、不对缝等不良情况,业主在验收时不满意后向公司投诉,导致公司重新组织施工团队拆除墙面铺贴进行返工,造成材料损失、务工费用等损失近 20 万,该施工负责人也受到相应的处罚。希望学生能从失败案例中吸取经验,强化自己作为未来设计师的责任心。

🗒 **学习过程**

（1）墙砖铺贴构造如图 3.3 所示。

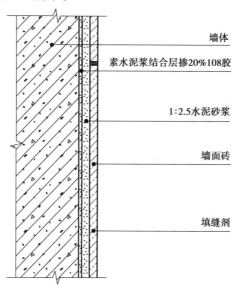

图 3.3　墙砖铺贴构造

（2）墙砖铺贴施工。施工流程及其内容见表 3.10。

表 3.10　墙砖铺贴施工流程及其内容

| 流程 | 内容 |
|---|---|
| 工具准备 | 瓷砖十字架、瓷砖切割机、抹泥刀、齿刮板、水平尺、找平器、橡胶锤等 |
| 安全教育 | 1.电动工具的使用安全教育;<br>2.正确使用安全设施;<br>3.实操过程中的安全问题;<br>4.环境场地中的安全问题 |

续表

| 流程 | 内容 |
|---|---|
| 施工准备 | 1.检查墙体平整度、垂直度及阴阳角是否平整、垂直;<br>2.检查墙面有无空鼓现象;<br>3.其他辅料的搭配要做好,瓷砖铺贴要选用正确的水泥标号和水泥河砂的混合比例 |
| 基层处理 | 1.清理墙面上的各类污物,并提前一天浇水湿润;<br>2.抹底灰后,底层六七成干时,进行排砖弹线 |
| 选砖浸泡 | 在清水中浸泡 2 h 以上,以砖体不冒泡为准,取出晾干待用 |
| 粘贴标准点 | 用以控制粘贴表面的平整度,操作时应随时用靠尺检查平整度,不平、不直的,要取下重贴 |
| 粘贴瓷砖 | 粘贴时遇到管线、灯具开关、卫生间设备的支承件等,必须用整砖套割吻合 |
| 擦缝清理 | 铺贴完用棉丝将表面擦净,然后用白水泥浆或专用填缝剂擦缝 |

(3)写出墙砖的铺贴流程。

_____

_____

_____

_____

_____

(4)写出墙砖铺贴的注意事项。

_____

_____

_____

_____

_____

✿ 操作标准

墙砖铺贴施工各项操作的评分标准见表 3.11。

表 3.11　墙砖铺贴施工各项操作的评分标准

| 程序 | 规范任务 | 分值 | 评分标准 | 扣分 | 得分 |
|---|---|---|---|---|---|
| 操作前准备 | 1.正确佩戴安全帽、手套等安全装备 | 5 | 佩戴错误或不佩戴扣5分 | | |
| | 2.认真参加进场前安全教育 | 5 | 未参加安全教育扣5分 | | |
| | 3.检查工具仪器设备 | 3 | 未检查工具仪器设备扣3分 | | |
| | 4.检查材料 | 2 | 未进行材料检查扣2分 | | |
| 操作流程 | 1.以小组为单位,有明确的分工内容 | 3 | 未进行小组分工扣2分。 | | |
| | 2.工作环境清理 | 5 | 未进行工作环境清理扣3分 | | |
| | 3.基层处理 | 10 | 未进行清理墙面上的各类污物,并提前一天浇水湿润扣5分;抹底灰后,底层六七成干时,未进行排砖弹线扣5分 | | |
| | 4.选砖浸泡 | 5 | 未在清水中浸泡2 h以上扣3分;未取出晾干待用扣2分 | | |
| | 5.粘贴标准点 | 10 | 操作时应随时用靠尺检查平整度扣3分,发现不平、不直的,未取下重粘扣5分 | | |
| | 6.粘贴瓷砖 | 12 | 粘贴时遇到管线、灯具开关、卫生间设备的支承件等,未用整砖套割吻合扣8分 | | |
| | 7.擦缝清理 | 8 | 镶贴完未用棉丝将表面擦净,然后用白水泥浆或专用填缝剂擦缝扣5分 | | |
| 操作后评价 | 1.按照操作流程规范 | 2 | 操作不规范扣2分 | | |
| | 2.与团队成员沟通顺畅 | 2 | 未与团队成员有效沟通扣2分 | | |
| | 3.铺贴是否存在不整齐现象 | 10 | 发现可能造成不平整、拼贴不整齐的现象扣2分 | | |

续表

| 程序 | 规范任务 | 分值 | 评分标准 | 扣分 | 得分 |
|------|----------|------|----------|------|------|
| 回答问题 | 1.目的<br>(1)正确使用工具设备<br>(2)正确理解常见的墙砖贴面材料及其特征<br>(3)正确理解墙砖铺贴流程及注意事项<br>2.注意事项<br>(1)安全注意事项<br>(2)工具使用方法正确 | 18 | 根据实际情况,发现有问题每项扣2分 | | |

任务 3.5 评价标准

| 工作流程 | 分值 | 任务内容 | 自评扣分<br>(A、B、C、D) | 小组评扣分<br>(A、B、C、D) | 教师评扣分<br>(A、B、C、D) |
|----------|------|----------|------|------|------|
| 用物准备 | 5 | 正确准备所用学习、实训设备,无漏项 | | | |
| | 5 | 认真参加安全教育 | | | |
| 地面石材学习 | 10 | 课前学习石材的相关知识 | | | |
| | 5 | 认真填写学习过程内容 | | | |
| | 2 | 课上同老师进行交流互动 | | | |
| 墙砖铺贴 | 3 | 用物准备正确,无漏项 | | | |
| | 5 | 认真阅读制图规范 | | | |
| | 5 | 完成周边环境清理 | | | |
| | 5 | 清理墙面上的各类污物,并提前一天浇水湿润,抹底灰后,底层六七成干时,进行排砖弹线 | | | |
| | 5 | 在清水中浸泡2 h以上,以砖体不冒泡为准,取出晾干待用 | | | |
| | 5 | 粘贴标准点 | | | |
| | 10 | 粘贴瓷砖 | | | |
| | 5 | 擦缝清理 | | | |
| | 5 | 处理周边环境 | | | |

续表

| 工作流程 | 分值 | 任务内容 | 自评扣分<br>(A、B、C、D) | 小组评扣分<br>(A、B、C、D) | 教师评扣分<br>(A、B、C、D) |
|---|---|---|---|---|---|
| 学习能力 | 5 | 按时完成 | | | |
| | 5 | 团队合作 | | | |
| | 5 | 精益求精 | | | |
| | 5 | 知识运用 | | | |
| | 5 | 操作熟练流畅,无事故 | | | |

注:A级,完成任务质量达到该项目的90%~100%;B级,完成任务质量达到该项目的80%~89%;C级,完成任务质量达到该项目的60%~79%;D级,完成任务质量小于该项目的60%。总分按各级最高等级计算。

## 任务3.5 目标检测

### 一、选择题

1.铺贴墙面砖时,应先检测(　　　)。

A.基面平整度　　　　B.瓷砖平整度　　　　C.瓷砖胶稠度　　　　D.齿形刮板大小

2.天气炎热干燥、风速较大时贴砖应(　　　)。

A.适当润湿基面　　　B.浸泡瓷砖　　　　　C.调稀瓷砖胶　　　　D.直接贴砖

3.镶贴瓷砖时如遇管线、灯具的支撑应(　　　)。

A.预留孔洞　　　　　B.拼凑镶贴　　　　　C.整砖套割　　　　　D.后装管道

4.对瓷砖安全粘贴最重要的性能是(　　　)。

A.花色　　　　　　　B.重量　　　　　　　C.吸水率　　　　　　D.厚度

5.使用瓷砖胶铺贴瓷砖时,以下动作正确的是(　　　)。

A.手拍砖　　　　　　B.橡胶锤拍砖　　　　C.揉压　　　　　　　D.木方顶砖

### 二、简答题

1.通过查阅资料,请写出墙砖铺贴的工艺流程。

_____

_____

_____

_____

_____

2.通过资料查阅,请描述内墙砖选择时的关注点。

_____

_____

_____

_____

_____

# 项目4 天棚施工

1）学习内容分解

天棚施工分为3个任务，分别是轻钢龙骨石膏板吊顶施工工艺、铝扣板吊顶施工工艺、铝方通格栅吊顶施工工艺。

2）教学地点建议

教学地点建议在校内情景化教学场所、虚拟仿真实训中心、校外真实施工现场。

3）课前自学

课前自学的内容：轻钢龙骨石膏板吊顶部分包括轻钢龙骨石膏板吊顶施工工艺、铝扣板吊顶施工工艺、铝方通格栅吊顶施工工艺等。

课前自学内容包括的知识点：建筑装饰装修工程质量验收标准、住宅室内装饰装修施工质量验收规范、住宅装饰装修工程施工规范、作业指导书和技术交底、全三维施工详图、仿真视频学习。

学生学习完成后可以进行无纸化理论考核和仿真实训考核。

矿棉板吊顶
施工工艺

铝方通吊顶
施工工艺

铝扣板吊顶
施工工艺

木饰面板吊顶
施工工艺

轻钢龙骨石膏
板吊顶施工工
艺（平级含窗
帘盒制作）

视频来源于《中望家装工程施工虚拟仿真软件》，配套本书教学使用

## 任务4.1 轻钢龙骨石膏板吊顶施工工艺

📖 学习目标

1）知识目标

（1）能够叙述出石膏板材料的基本规格及特性；
（2）正确叙述出石膏板吊顶的施工流程；
（3）能够叙述出石膏板吊顶施工过程中的注意事项。

2）技能目标

（1）能够正确识读轻钢龙骨石膏板吊顶构造详图；
（2）正确使用工具，完成顶面石膏板吊顶施工；
（3）能够进行吊顶工程验收。

3）素质目标

（1）培养团队合作、乐于奉献、互帮互助精神；
（2）增强信心，培养对装饰施工的兴趣 。

✎ 教学重难点
（1）教学重点：能够正确使用工具完成轻钢龙骨石膏板吊顶施工实训。
（2）教学难点：轻钢龙骨石膏板吊顶施工质量验收规范。

⧗ 教学准备
（1）教学硬件：多媒体教室、计算机。
（2）教学软件：虚拟仿真实训平台、CAD。
（3）实操设备：
①电动工具：型材切割机（无齿锯）、角磨机（充电式）、手持圆锯、马刀锯（充电式）、曲线锯（充电式）、电锤（充电式）、手电钻（充电式）、起子机（充电式）、链带螺旋枪（充电式）、电锤钻头、电钻钻头（麻花钻头）、批头、开孔器。
②手动工具：木工框锯、板锯、墙板锯（鸡尾锯）、美工刀、圆形切割器、木工刨、平槽、十字/一字螺丝刀、钢丝钳（老虎钳）、尖嘴钳、活动扳手、两用开口扳手（M8—M10）、拉铆枪、轻钢龙骨钳、航空剪（铁皮剪）、羊角锤、锉刨、斜锯柜、抹刀、油灰刀、防护丁字尺、铆钉枪、G字型快速夹、石膏板切割器。
③气动工具：气动直钉枪、气动钢排钉枪等。
④测量工具：激光水平仪（激光标线仪）、2m靠尺（垂直检测尺）、水平尺（水泡式）、水平尺（电子数显示/水泡式）、塞尺（楔形）、木工木折尺、钢卷尺、钢直尺、L形拐角尺、不锈钢三角

尺、活动组合角尺、内外直角检测尺(数显)、多功能角度尺、角度尺(电子数显)、游标卡尺(电子数显)、铅直测定器(线锤、线坠)、角度测量仪(水平坡度仪数显/水泡式)、卷线器、墨斗、粉斗、木工铅笔、透明 PVC 水平管。

⑤劳动保护用品:安全帽、防滑/防割耐磨手套、防尘口罩,护目镜。

⑥其他辅助工具和设备:活动脚手架、人字梯、施工凳、木工操作台、石膏板升降机、支撑杆等。

(4)实操材料:普通纸面石膏板、轻钢龙骨、吊杆等。

## 活动一　轻钢龙骨石膏板吊顶材料学习

☺ 学习目标

(1)叙述石膏板的分类,并能简单列举石膏板的常规尺寸;

(2)能够叙述石膏板特性及分类;

(3)能够从环境保护方面阐述不同空间吊顶材料的选择理由。

⏰ 建议学时

建议学时为 45 分钟。

✎ 课程思政建议

在吊顶施工工艺方面,通过大国工匠故事,培养学生的工匠精神和文化自信,以新时代的要求重新定义建筑室内设计师。

**思政小案例**

王存斌,从事复合材料胶接成型工作 24 年,在缩短型号研制周期、提高碳纤维原材料利用率、实现太阳翼基板国产化工作中作出突出贡献。他先后攻克高模量碳纤维缠绕成型操作中纤维起毛、断线和含胶量控制不稳定等技术难题,并形成操作规程,解决了大型薄壁碳纤维管件成型和 Kelvar 纤维绳绷弦操作难题,独创框架结构装配胶接新技术,使得大型绷弦式刚性太阳翼基板各项性能满足大平台太阳翼技术要求,填补国内空白,达到国际先进水平。由于在该领域的突出贡献,王存斌荣获了全国技术能手、航天技术能手、北京市有突出贡献高技能人才等称号。

⊡ 学习过程

(1)请列举可用作制作吊顶的材料。

_____

_____

_____

_____

_____

（2）请详细描述石膏板的规格尺寸。

_____

_____

_____

_____

_____

（3）请描述目前市场上常见的石膏板类型。

_____

_____

_____

_____

_____

（4）请列举石膏板的性能。

_____

_____

_____

_____

_____

_____

## 活动二　轻钢龙骨石膏板吊顶施工工艺

☺ 学习目标

　　（1）正确识读轻钢龙骨石膏板吊顶构造详图；

　　（2）叙述轻钢龙骨石膏板吊顶施工流程；

　　（3）正确使用工具完成轻钢龙骨石膏板吊顶实训。

🖱 建议学时

　　建议学时为 135 分钟。

✎ 课程思政建议

　　通过轻钢龙骨石膏板吊顶实训,以大国工匠事迹为具体案例,融入精益求精的品质追求,不断塑造学生的工匠精神、职业精神。

**思政小案例**

胡双钱："零差错"才能无可替代

1980年，从小热爱飞机的胡双钱进入上海飞机制造公司，被分配到了钳工工段。这对原本学习钣铆工的胡双钱来说，是一个不小的挑战——专业不对口意味着他要付出更多的时间和努力，才能熟练掌握这一技艺。然而，他没有抱怨，而是怀着造飞机的梦想，坚决服从分配，在钳工岗位上一做就是30多年，经他手生产的零件被安装在上千架飞机上，实现了"零差错"。"每个零件都关系着乘客的生命安全。确保质量，是我最大的责任。"核准、画线、钻导孔、打光……凭借着高度的责任意识，胡双钱在无数个日日夜夜重复着这样的机械动作，近乎苛责地要求自己，只为不出一丝差错。一次，他在给飞机拧螺丝时走了神，晚上回想工作时总觉得心里不踏实，于是在凌晨3点骑自行车赶到单位，反复确认，才放下心来。从此，胡双钱给自己定了个规矩，每做完一步，都要认真检查再进入下一道程序："再忙也不缺这点时间，质量最重要！"

坚守岗位，精益求精，是匠人的职业道德，而心系祖国航空事业，不断探索技艺提升，更是大国工匠的风范。画线是钳工作业最基础的步骤，为了提升精细度，胡双钱发明了"对比检查法"和"反向验证法"，这样虽然增加了工作量，但却给零件加工增加了复查的机会，为精确加工和产品高质量奠定了基础。虽然获得不少荣誉，胡双钱仍选择默默奉献在飞机制造一线，用匠人本心成为无可替代的航空"手艺人"。谈及未来，胡双钱最大的愿望是："最好再干10年、20年，为中国大飞机多做一点(贡献)。"

## 卩 学习过程

（1）识图：轻钢龙骨石膏板吊顶构造如图4.1所示。

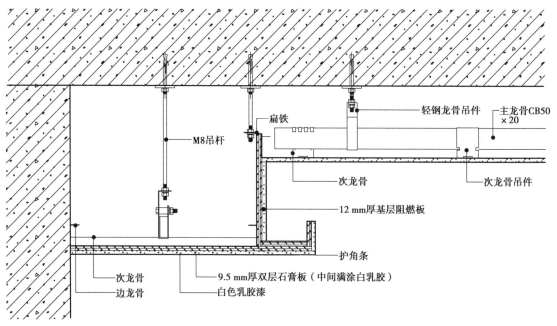

图4.1　石膏板吊顶构造

（2）轻钢龙骨石膏板吊顶施工。施工流程及其内容见表4.1。

表4.1　轻钢龙骨石膏板吊顶施工流程及其内容

| 流程 | 内容 |
|---|---|
| 工具准备 | 卷尺、红外线测距仪、水平尺、墨斗、红外水平仪、抹灰刀、安全帽、灰桶、铁锹、手套、胶锤、切割机、型材切割机、电锤钻头、电钻钻头、石膏板切割器、轻钢龙骨钳、水平尺(电子数显/水泡式)、塞尺(楔形)、L形拐角尺。 |
| 安全教育 | 1.电动工具的使用安全教育；<br>2.正确佩戴安全设施；<br>3.实操过程中的安全；<br>4.环境场地的安全 |
| 施工准备 | 1.检查施工现场,按设计要求对房间净高、洞口标高和吊顶管道、设备及其支架的高度进行交接检验；<br>2.对吊顶内所有管道、管线、设备的安装及水管试压、风管严密性等,调试和检验合格；<br>3.当墙面、柱面为装饰石材、陶瓷墙砖或木装饰时,宜先完成墙面、柱面装修质量检查；<br>4.屋面或楼面的防水工程完成且验收合格；<br>5.所有材料进场时应该对品种、规格、外观和尺寸进行验收；<br>6.吊顶工程中的预埋件、钢筋吊杆和型钢吊杆应该进行防腐处理 |
| 基层处理 | 对基层进行清理、打扫 |
| 弹线定位 | 1.确定标高线；<br>2.确定造型位置线；<br>3.确定主龙骨(承载龙骨)吊点位置线 |
| 安装吊杆 | 1.在室内顶部结构下沿弹线吊点位置采用电锤打孔。<br>2.安装吊杆时:通常上人吊杆采用$\phi$8钢筋或M8全牙吊杆,不上人吊杆采用$\phi$6钢筋或M6全牙吊杆,吊杆间距应符合设计要求；当无设计要求时,点间距应小于1.2 m,一般宜为900 mm。吊杆距离主龙骨端部不得大于300 mm。<br>3.吊杆与室内顶部结构的连接应牢固、安全。<br>4.吊杆长度应根据吊顶设计高度确定。<br>5.当吊杆长度大于1 500 mm时,应设置反支撑；当吊杆与设备相遇时,应调整吊杆构造或增设吊杆 |
| 安装龙骨架 | 1.安装边龙骨:边龙骨安装在房间四周围护结构上,下边缘与标准线平齐,采用电锤打孔,膨胀螺栓等固定,固定点间距不宜大于400 mm,边龙骨端头不宜大于50 mm。<br>2.安装主龙骨:主龙骨用吊筋悬挂,吊筋要保持垂直。<br>3.安装副龙骨:紧贴主龙骨,垂直安装,用专用挂件连接并保持龙骨框的方正度。<br>4.调整水平:使整个房间内的龙骨系统在同一水平上 |

续表

| 流程 | 内容 |
|------|------|
| 安装石膏板 | 1. 石膏板安装前,应进行吊顶内隐蔽工程验收,所有项目验收合格且建筑外围护施工完成后才能进行石膏板安装施工。<br>2. 石膏板应按照设计施工要求选择功能类型:根据使用功能的不同,可选择普通纸面石膏板、耐潮纸面石膏板、耐水纸面石膏板和耐火纸面石膏板。<br>3. 石膏板安装时应纸面(正面)朝外,背纸(背面)朝内。<br>4. 石膏板长边与次龙骨垂直方向铺设。<br>5. 石膏板应在自由状态下进行安装,固定时应从板的中间向板的四周固定,不得多点同时施工;相邻的板材应错缝安装,不得形成通缝;安装双层石膏板时,面层板与基层板的接缝应错开,并不得在同一根龙骨上接缝。<br>6. 石膏板的接缝应按设计要求进行板缝处理。<br>7. 石膏板应使用沉头自攻螺钉与副龙骨、横撑龙骨固定 |
| 接缝和转角处理 | 1. 接缝处理时,宜分层多次进行,接缝后的表面应光滑平整。<br>2. 阳角转角处理,阳角角缝应用金属阳角条或PVC阳角护角条或金属护角纸带固定保护,金属阳角护角条或PVC阳角护角的固定钉距不应该大于200 mm。护角表面应用接缝石膏满覆,不得外露。表面处理同接缝 |

(3)写出轻钢龙骨石膏板吊顶的工艺流程。

_____

_____

_____

_____

(4)写出轻钢龙骨石膏板吊顶的注意事项。

_____

_____

_____

_____

## 操作标准

轻钢龙骨石膏板吊顶施工各项操作的评分标准见表4.2。

表4.2 轻钢龙骨石膏板吊顶施工各项操作的评分标准

| 程序 | 规范任务 | 分值 | 评分标准 | 扣分 | 得分 |
|---|---|---|---|---|---|
| 操作前准备 | 1.正确佩戴安全帽、手套等安全装备 | 5 | 佩戴错误或不佩戴扣5分 | | |
| | 2.认真参加进场前安全教育 | 5 | 未参加安全教育扣5分 | | |
| | 3.检查工具仪器设备 | 3 | 未检查工具仪器设备扣3分 | | |
| | 4.检查材料 | 2 | 未进行材料检查扣2分 | | |
| 操作流程 | 1.以小组为单位,有明确的分工内容 | 3 | 未进行小组分工扣2分 | | |
| | 2.顶面清理干净、垃圾清理干净 | 5 | 未进行地面清理扣5分 | | |
| | 3.根据施工图确定标高,弹线定位 | 10 | 未进行确定标高线扣2分;未进行确定造型位置线扣5分;墙顶面弹线高度错误扣3分 | | |
| | 4.安装吊杆 | 5 | 未在老师监督下使用电锤等打孔工具错误扣3分;打孔定位不对扣2分 | | |
| | 5.安装龙骨架 | 10 | 主龙骨间距大于1 200 mm扣5分,次龙骨间距大于600 mm扣3分,边龙骨没有按照要求弹线,固定在四周墙上扣2分 | | |
| | 6.安装石膏板 | 10 | 石膏板板缝、板面变形开裂扣5分;质量大于3 kg的灯具,未设置独立吊挂结构扣5分。 | | |
| | 7.接缝和转角处理 | 10 | 阴阳角未加护角条固定扣2分;安装双层石膏板时未错缝安装扣3分;转角处石膏板未裁剪成L形板材固定扣5分 | | |

续表

| 程序 | 规范任务 | 分值 | 评分标准 | 扣分 | 得分 |
|---|---|---|---|---|---|
| 操作后评价 | 1.按照操作流程规范 | 2 | 操作不规范扣2分 | | |
| | 2.与团队成员沟通顺畅 | 2 | 未与团队成员有效沟通扣2分 | | |
| | 3.吊顶是否存在不整齐、开裂、变形现象 | 10 | 发现可能造成不平整的现象如开裂、变形扣10分 | | |
| 回答问题 | 1.目的<br>(1)正确使用工具设备<br>(2)正确理解轻钢龙骨石膏板吊顶的使用场所<br>(3)正确理解轻钢龙骨石膏板吊顶工艺流程<br>2.注意事项<br>(1)安全注意事项<br>(2)工具使用方法正确 | 18 | 根据实际情况,发现有问题每项扣2分 | | |

任务4.1 评价标准

| 工作流程 | 分值 | 任务内容 | 自评扣分<br>(A、B、C、D) | 小组评扣分<br>(A、B、C、D) | 教师评扣分<br>(A、B、C、D) |
|---|---|---|---|---|---|
| 用物准备 | 5 | 正确准备所用学习、实训设备,无漏项 | | | |
| | 5 | 认真参加安全教育 | | | |
| 顶面石膏板学习 | 10 | 课前学习石膏板的相关知识 | | | |
| | 5 | 认真填写学习过程内容 | | | |
| | 2 | 课上同老师进行交流互动 | | | |
| | 5 | 认真阅读制图规范 | | | |
| 轻钢龙骨石膏板顶面安装 | 3 | 用料准备正确,无漏项 | | | |
| | 5 | 完成顶面清理 | | | |
| | 5 | 确定吊顶标高弹线定位 | | | |
| | 5 | 安装吊杆 | | | |
| | 10 | 安装龙骨架 | | | |
| | 10 | 安装石膏板 | | | |
| | 5 | 接缝和转角处理 | | | |

续表

| 工作流程 | 分值 | 任务内容 | 自评扣分<br>(A、B、C、D) | 小组评扣分<br>(A、B、C、D) | 教师评扣分<br>(A、B、C、D) |
|---|---|---|---|---|---|
| 学习能力 | 5 | 按时完成 | | | |
| | 5 | 团队合作 | | | |
| | 5 | 精益求精 | | | |
| | 5 | 知识运用 | | | |
| | 5 | 操作熟练流畅,无事故 | | | |

注:A级,完成任务质量达到该项目的90%~100%;B级,完成任务质量达到该项目的80%~89%;C级,完成任务质量达到该项目的60%~79%;D级,完成任务质量小于该项目的60%。总分按各级最高等级计算。

## 任务4.1 目标检测

**一、选择题**

1.在南方潮湿地区或潮湿季节施工建议选用(    )mm 厚石膏板。

A.≥10          B.≥11          C.≥12          D.≥14

2.在次龙骨骨架中起横撑及固定面板作用的构件是(    )。

A.次龙骨          B.吊杆          C.横撑龙骨          D.连接件

3.用于龙骨接长使用的配件是(    ),也称龙骨连接件。

A.挂件          B.吊件          C.龙骨接长件          D.插挂件

4.吊顶龙骨骨架中与墙相连的构件是(    )。

A.主龙骨          B.边龙骨          C.次龙骨          D.吊件

5.横撑龙骨通常采用的是(    )龙骨,又称覆面龙骨。

A.C形          B.U形          C.I形          D.H形

**二、简答题**

1.通过查阅资料,写出轻钢龙骨石膏板吊顶的工艺流程。

_____

_____

_____

_____

_____

2.通过资料查阅,请举例说明轻钢龙骨石膏板吊顶常见质量问题。

_____

_____

_____

_____

# 任务4.2 铝扣板吊顶施工工艺

## 学习目标

### 1)知识目标

(1)能够叙述出铝扣板吊顶应准备哪些材料;

(2)正确叙述出铝扣板吊顶的施工流程;

(3)能够叙述出铝扣板吊顶施工过程中的注意事项。

### 2)技能目标

(1)能够正确识读铝扣板吊顶构造详图;

(2)正确使用工具,完成铝扣板吊顶施工;

(3)能够进行铝扣板吊顶工程验收。

### 3)素质目标

(1)培养团队合作、乐于奉献,互帮互助精神;

(2)增强自信,培养对装饰施工的兴趣。

## 教学重难点

(1)教学重点:能够正确使用工具完成铝扣板吊顶施工实训;

(2)教学难点:铝扣板吊顶施工质量验收规范。

## 教学准备

(1)教学硬件:多媒体教室、计算机。

(2)教学软件:虚拟仿真实训平台、CAD。

(3)实操设备:

①电动工具:无齿锯、角磨机、马刀锯、电锤、射钉枪等;

②手动工具:螺丝刀、角尺、锤子、水平尺、墨斗等;

③劳动保护用品:安全帽、防滑/防割耐磨手套、防尘口罩、护目镜等;

④其他辅助工具和设备:活动脚手架、人字梯、施工凳等。

(4)实操材料:铝合金方板板材、轻钢龙骨、钢筋吊杆。

活动一 铝扣板材料学习

☺ 学习目标

(1)简要叙述铝扣板的基本概念;

(2)能够叙述铝扣板分类;

(3)能够从环境保护方面阐述不同空间铝扣板材料的选择与费用。

✍ 建议学时

建议学时为45分钟。

✎ 课程思政建议

在材料工艺方面,建议从能增强学生的科学精神,培养学生具备社会责任感,培养学生专业理想的角度,学习新科学技术装饰材料。

**思政小案例**

火箭"心脏"焊接人高凤林

高凤林,中国航天科技集团公司第一研究院211厂发动机车间班组长。35年来,他几乎都在做着同样一件事,即为火箭焊"心脏"——发动机喷管焊接。有的实验,需要在高温下持续操作,焊件表面温度达几百摄氏度,高凤林却咬牙坚持,双手被烤得鼓起一串串水泡。因为技艺高超,曾有人开出"高薪加两套北京住房"的诱人条件聘请他,高凤林却说,我们的成果进入太空,这样给国人带来的民族自豪感用金钱买不到。他用35年的坚守,诠释了一个航天匠人对理想信念的执着追求。

🖢 学习过程

(1)请简要叙述铝扣板的基本概念。

_____

_____

_____

_____

（2）请描述目前市场上的铝扣板分类。

_____

_____

_____

_____

（3）请叙述铝扣板的选择及其费用。

_____

_____

_____

_____

## 活动二　铝扣板吊顶施工工艺

☺ 学习目标

　　（1）正确识读铝扣板吊顶构造详图；

　　（2）叙述铝扣板吊顶施工流程；

　　（3）正确使用工具完成铝扣板吊顶实训。

🖰 建议学时

　　建议学时为 135 分钟。

🖉 课程思政建议

　　通过铝扣板吊顶实训，以文化自信事迹为具体案例，使文化自信进教材、进课堂、进头脑，真正达到入脑、入耳、入心的教育效果，让学生能够以清醒头脑进行正确价值判断。

　　**思政小案例**

工艺美术师孟剑锋

　　孟剑锋是北京工美集团的一名錾刻工艺师，他用纯银精雕细琢的"和美"纯银丝巾，在北京 APEC 会议上，作为国礼之一赠送给外国领导人。他从业 20 多年来，时刻追求极致，对作品负责，对口碑负责，对自己的良心负责，将诚实劳动内化于心。这是大国工匠的立身之本，中国制造的品质保障。

🔁 学习过程

（1）识图：铝扣板吊顶构造如图4.2所示。

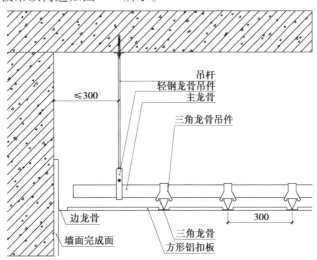

图4.2 铝扣板吊顶构造

（2）铝扣板吊顶施工。施工流程及其内容见表4.3。

表4.3 铝扣板吊顶施工流程及其内容

| 流程 | 内容 |
|---|---|
| 工具准备 | 卷尺、红外线测距仪、水平尺、墨斗、红外水平仪、安全帽、手防滑/防割耐磨手套、胶锤、切割机、电锤等 |
| 安全教育 | 1.电动工具的使用安全教育；<br>2.正确佩戴安全设施；<br>3.实操过程中的安全；<br>4.环境场地的安全 |
| 施工准备 | 1.检查施工现场：按设计要求对房间净高、洞口标高和吊顶管道、设备及其支架的高度进行交接检验。<br>2.吊顶内所有管道、管线、设备的安装及水管试压、风管严密性测试等，调试和检验合格。<br>3.材料准备：合金方板板材色泽一致，表面平整，尺寸误差在允许范围内；龙骨材料品种、规格和颜色符合设计要求；吊顶工程中的预埋件、钢筋吊杆和型钢应进行防锈处理 |
| 基层处理 | 对基层进行清理、打扫 |
| 基层弹线 | 根据设计图纸在吊顶四周墙面弹出顶棚标高水平控制线，弹出吊顶主龙骨和次龙骨控制线，主龙骨最大间距1 100 mm，次龙骨根据吊顶板规格来定 |
| 安装吊杆 | 在弹好吊顶面板水平线及龙骨控制线后，确定吊杆下端头的标高，安装预先加工好的吊杆，吊杆安用$\Phi 6$膨胀螺栓固定在顶棚上，吊杆选用$\Phi 6$丝杆，吊筋间距控制在1 200 mm范围内 |

续表

| 流程 | 内容 |
|---|---|
| 安装边龙骨 | 按天花净高要在四周用塑料膨胀螺栓固定边龙骨(铝扣板搭配的),塑料膨胀螺栓间距不大于 300 mm(注意边龙骨拼角) |
| 安装主龙骨 | 主龙骨应挂在主吊件上,一般选用 C38 轻钢龙骨,主龙骨间距不大于 1 100 mm,主龙骨距离墙面为 300 mm,主龙骨悬挑不得大于 300 mm,安装主龙骨时控制好起拱高度,起拱高度为房间高度的 1/300~1/200,主龙骨的接长应采取对接,相邻龙骨对接接头要相互错开,主龙骨挂好后应基本调平 |
| 安装次龙骨 | 根据铝扣板的规格尺寸,安装与板配套的次龙骨,次龙骨通过用挂件吊挂在主龙骨上,当次龙骨长度需多根延续接长时,用次龙骨连接件,在吊挂次龙骨的同时,将相对端头相连接,并先调直后固定 |
| 装铝合金方板 | 铝扣板安装时在安装面积的中间位置垂直次龙骨方向拉一条基准线,对齐基准线向两边安装,安装时轻拿轻放,必须顺着翻边部位顺序将方板两边轻压,卡进龙骨后再推紧。<br>1.铝合金方板安装分为明装 T 形和暗装卡口两种方式(具体施工方式根据设计图纸或金属板样式进行选择)。<br>2.明装 T 形:方板搁置式安装,吊顶次龙骨采用 T 形轻钢龙骨,金属方形板的四边带翼,将其置于 T 形龙骨下部的翼板之上即可。<br>3.暗装卡口:这种安装方式的龙骨材料为带夹簧的嵌龙骨配套型材,便于方形金属吊顶板的卡入,金属方形板的卷边向上,形成缺口式的盒子形,一般的方板边部在加工时轧出凸起的卡口,可以精确地卡入带夹簧的嵌龙骨中 |
| 饰面清理 | 铝扣板安装完成后,需用布把板面全部擦拭干净,不得有污物及手印等 |
| 分项检验和验收 | 1.吊顶工程的施工图、设计说明及其他设计文件;<br>2.材料的产品合格证书、性能检测报告、进场验收记录和复验报告;<br>3.隐蔽工程验收记录;<br>4.施工记录。 |

(3)请写出铝扣板吊顶的工艺流程。

_____

_____

_____

_____

_____

（4）请写出铝扣板吊顶施工注意事项。

_____

_____

_____

_____

_____

🖐 操作标准

铝扣板吊顶施工各项操作的评分标准见表4.4。

表4.4　铝扣板吊顶施工各项操作的评分标准

| 程序 | 规范任务 | 分值 | 评分标准 | 扣分 | 得分 |
|---|---|---|---|---|---|
| 操作前准备 | 1.正确佩戴安全帽、手套等安全装备 | 5 | 佩戴错误或不佩戴扣5分 | | |
| | 2.认真参加进场前安全教育 | 5 | 未参加安全教育扣5分 | | |
| | 3.检查工具仪器设备 | 3 | 未检查工具仪器设备扣3分 | | |
| | 4.检查材料 | 2 | 未进行材料检查扣2分 | | |
| 操作流程 | 1.以小组为单位,有明确的分工内容 | 3 | 未进行小组分工扣2分 | | |
| | 2.顶面清理、垃圾清理 | 5 | 未进行顶面清理扣5分 | | |
| | 3.根据施工图确定标高,弹线定位 | 10 | 未进行确定标高线扣2分;未进行确定造型位置线扣5分;墙顶面弹线高度错误扣3分 | | |
| | 4.安装吊杆 | 5 | 未在老师监督下使用电锤等打孔工具扣3分;打孔定位不对扣2分 | | |
| | 5.安装主龙骨 | 10 | 主龙骨间距大于1 100 mm扣5分,主龙骨距离墙面大于300 mm扣3分,安装主龙骨时,未控制起拱高度扣2分 | | |

续表

| 程序 | 规范任务 | 分值 | 评分标准 | 扣分 | 得分 |
|---|---|---|---|---|---|
| 操作流程 | 6.安装次龙骨 | 10 | 次龙骨未按铝扣板规格尺寸分布扣5分;次龙骨未调直和固定扣5分 | | |
| | 7.装铝合金方板 | 5 | 铝合金方板安装不平整扣3分;明装或暗装卡扣未处理好扣2分 | | |
| | 8.饰面清理 | 2 | 安装完成后未清理板面污物和手印扣2分 | | |
| | 9.分项检验和验收 | 3 | 未做隐蔽工程验收记录扣3分 | | |
| 操作后评价 | 1.按照操作流程规范 | 2 | 操作不规范扣2分 | | |
| | 2.与团队成员沟通顺畅 | 2 | 未与团队成员有效沟通扣2分 | | |
| | 3.吊顶是否存在不整齐、开裂、变形现象 | 10 | 发现可能造成不平整、开裂、变形的现象扣10分 | | |
| 回答问题 | 1.目的<br>(1)正确使用工具设备<br>(2)正确理解轻钢龙骨铝扣板吊顶的使用场所<br>(3)正确理解轻钢龙骨铝扣板吊顶工艺流程<br>2.注意事项<br>(1)安全注意事项<br>(2)工具使用方法正确 | 18 | 根据实际情况,发现有问题每项扣2分 | | |

任务4.2 评价标准

| 工作流程 | 分值 | 任务内容 | 自评扣分<br>(A、B、C、D) | 小组评扣分<br>(A、B、C、D) | 教师评扣分<br>(A、B、C、D) |
|---|---|---|---|---|---|
| 用物准备 | 5 | 正确准备所用学习、实训设备,无漏项 | | | |
| | 5 | 认真参加安全教育 | | | |
| 顶面铝扣板学习 | 10 | 课前学习铝扣板的相关知识 | | | |
| | 5 | 认真填写学习过程内容 | | | |
| | 2 | 课上同老师进行交流互动 | | | |
| | 5 | 认真阅读制图规范 | | | |

续表

| 工作流程 | 分值 | 任务内容 | 自评扣分<br>(A、B、C、D) | 小组评扣分<br>(A、B、C、D) | 教师评扣分<br>(A、B、C、D) |
|---|---|---|---|---|---|
| 铝扣板吊顶安装 | 3 | 用料准备正确,无漏项 | | | |
| | 5 | 完成顶面清理 | | | |
| | 5 | 确定吊顶标高并弹线定位 | | | |
| | 5 | 安装吊杆 | | | |
| | 5 | 安装主龙骨 | | | |
| | 5 | 安装次龙骨 | | | |
| | 5 | 安装铝扣板 | | | |
| | 5 | 饰面清理 | | | |
| | 5 | 分项检验和验收 | | | |
| 学习能力 | 5 | 按时完成 | | | |
| | 5 | 团队合作 | | | |
| | 5 | 精益求精 | | | |
| | 5 | 知识运用 | | | |
| | 5 | 操作熟练流畅,无事故 | | | |

注:A级:完成任务质量达到该项目的90%~100%;B级:完成任务质量达到该项目的80%~89%;C级:完成任务质量达到该项目的60%~79%;D级,完成任务质量小于该项目的60%。总分按各级最高等级计算。

## 任务4.2 目标检测

**一、选择题**

1.在轻钢骨架金属罩面板顶棚中,龙骨间距和龙骨平直检验项目,应使用的检验方法是(  )。

A.尺量检查　　　　　　　　B.用2 m靠尺检查

C.水准仪检查　　　　　　　D.拉5 m线检查

2.为了保护成品,须在天棚内管道试水、保温等一切工序全部验收后进行(  )。

A.主龙骨安装　　　　　　　B.罩面板安装

C.次龙骨安装　　　　　　　D.基层板安装

3.罩面板接缝形式符合设计要求,以下说法正确的是(  )。

A.拉缝宽窄一致,平直、整齐、接缝应严密

B.压条宽窄一致,平直、整齐、接缝应严密

C.拉缝和压条宽窄一致,平直、整齐、接缝应严密

D.拉缝和压条宽窄和长短一致,平直、整齐、接缝应严密

4.为了保证吊顶龙骨牢固、平整,利用(　　)调整拱架。

A.吊杆　　　　　　　　　　　　B.吊杆或吊筋螺栓

C.吊筋螺栓　　　　　　　　　　D.罩面板

5.龙骨材料应对材料进行检查,检查项目不包括(　　)。

A.产品合格证　　　　　　　　　B.使用说明书

C.出厂日期　　　　　　　　　　D.检验报告是否有国家实验室认可标志

**二、简答题**

1.通过查阅资料,请写出铝扣板吊顶的工艺流程。

_____

_____

_____

_____

_____

2.通过资料查阅,请说明铝扣板吊顶施工质量验收标准。

_____

_____

_____

_____

_____

_____

# 任务4.3　铝方通格栅吊顶施工工艺

## 学习目标

1)知识目标

(1)能够叙述出铝方通格栅吊顶应准备的材料;

(2)正确叙述出铝方通格栅吊顶的施工流程;

(3)能够叙述出铝方通格栅吊顶施工过程中的注意事项。

2)技能目标

(1)能够正确读识铝方通格栅吊顶构造详图;

(2)正确使用工具完成铝方通格栅吊顶施工;

（3）能够进行铝方通格栅吊顶工程验收。

3）素质目标

（1）培养团队合作、乐于奉献、互帮互助的精神；

（2）增强自信心，培养对装饰施工的兴趣。

## ✎ 教学重难点

（1）教学重点：能够正确使用工具完成铝方通格栅吊顶施工实训。

（2）教学难点：铝方通格栅吊顶的施工质量验收规范。

## ⌛ 教学准备

（1）教学硬件：多媒体教室、计算机。

（2）教学软件：虚拟仿真实训平台、CAD。

（3）实操设备：

①电动工具：电动冲击钻、手电钻、电锯或气动钉枪等；

②手动工具：锤、螺丝刀、扳手、钳子、钢尺、角尺、墨斗等；

③劳动保护用品：安全帽、防滑/防割耐磨手套、防尘口罩、护目镜等；

④其他辅助工具和设备：活动脚手架、人字梯、施工凳等。

（4）实操材料：铝方通、配套龙骨、镀锌角钢、膨胀螺栓及吊杆。

活动一　铝方通材料学习

## ☺ 学习目标

（1）叙述铝方通的分类，并能简单列举铝方通的常规尺寸；

（2）能够叙述铝方通的特性及分类；

（3）能够从环境保护方面阐述不同空间铝方通吊顶材料的选择理由。

## ⏱ 建议学时

建议学时为45分钟。

## ✐ 课程思政建议

学习铝方通的知识，发现材料结构之间的连续性，同时要具备探索新型工艺材料和创新精神，为提高职业岗位能力奠定基础。

**思政小案例**

宝祖利新酒标设计

宝祖利新酒节是每年葡萄酒的盛事，酒标设计更是大家的关注点。每年针对酒标设计都有新的创意输出，而酒庄在提供视觉创意方面非常薄弱，当前设计部的工作量也相对饱和，酒标设计工作遇到瓶颈。

创新思路:宝祖利新酒标设计最重要的是创意性和新鲜感,而 AI 酒标可以完美契合这两个元素,AI 是 2023 年度话题热点,宝祖利 AI 酒标则刚好兼具话题性、时效性、创意度和新鲜感,与产品调性完美契合。

执行方案:先通过网络学习 AI 的方法,再搜集大量网络素材和专业性词语,对 AI 绘图工具"造梦日记"进行训练,最终通过输入宝祖利新酒节、少女、派对等新酒概念的关键字,获得一幅符合新酒调性的作品。

创新效果:既节省了工作成本,又能获得高质量的设计,同时还能紧贴今年火爆的 AI 热点,自带营销话题。

通过"宝祖利新酒标设计"的学习,引导学生具备创新和探究精神。

🏠 学习过程

(1)请列举说明铝方通的分类。

_____

_____

_____

_____

(2)请详细描述铝方通的特点。

_____

_____

_____

_____

(3)请描述目前市场上铝方通的外表处理方式。

_____

_____

_____

_____

（4）请列举铝方通的规格与尺寸。

_____

_____

_____

_____

## 活动二　铝方通格栅吊顶施工工艺

☺ 学习目标

（1）正确识读铝方通格栅吊顶构造详图；

（2）叙述铝方通格栅吊顶施工流程；

（3）正确使用工具完成铝方通格栅吊顶实训。

🖱 建议学时

建议学时为 135 分钟。

✎ 课程思政建议

通过铝方通格栅吊顶实训，以职业理想为具体案例，培养学生热爱装饰施工专业技术，担当时代大任，肩负起新时代青年的责任担当，培养学生工匠精神，激励学生对建筑室内专业充满热忱，时刻准备迎接行业新的挑战。

思政小案例

周东红——连做梦都是在捞纸

1986 年，周东红进入泾县宣纸厂做捞纸工。由于技术不熟练，他每天起早贪黑进行练习，虚心向捞纸厂的老师傅们学习，渐渐掌握了捞纸技术。他还给自己制订了比每天要求的工作量再多 50% 的目标，常常凌晨 1 点起床，一天工作时间超过 17 个小时，手也因为长期浸泡在水中脱皮溃烂。他做这一切，只为精益求精，提高纸的品质。功夫不负有心人，周东红的技术不断提升，能稳定控制不同品种纸张的分量，正品率达到 99%，还被抽去捞制古艺宣、乾隆贡宣等高档宣纸。在自我提升的同时，周东红也牢记宣纸传统制作这一非遗技艺的传承。他悉心培养徒弟，将经验倾囊相授，培养出一批优秀的传承人。他还为捞纸技术的革新献计献策，在制作一种名为"扎花"的宣纸时，他长期吃住在厂里，没日没夜地进行试验，连生病打针时也不忘翻阅相关材料，有时梦里都在捞纸。在周东红眼里，复原传统宣纸制作手艺，守护中国宣纸文化是"只能赶而不能等"的大急事。尽管被誉为"大国工匠"，周东红却说自己对"工匠"一词并不熟悉。他笑称："我只知道始终如一的专注、一丝不苟和精益求精。每天忙碌的目的也很单纯，只想让这门已经存在了千年的传统工艺一直传承下去。"

💢 学习过程

(1)识图:铝方通格栅吊顶构造如图4.3所示。

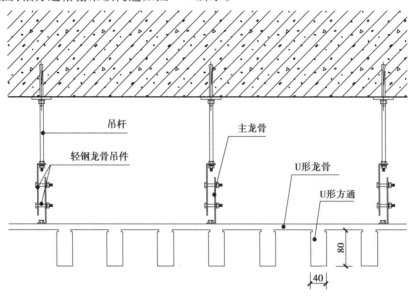

图4.3 铝方通格栅吊顶构造

(2)铝方通格栅吊顶施工。施工流程及其内容见表4.5。

表4.5 铝方通格栅吊顶施工流程及其内容

| 流程 | 内容 |
| --- | --- |
| 工具准备 | 卷尺、红外线测距仪、水平尺、墨斗、红外水平仪、安全帽、手防滑/防割耐磨手套、胶锤、切割机、电锤等 |
| 安全教育 | 1.电动工具的使用安全教育;<br>2.正确佩戴安全设施;<br>3.实操过程中的安全;<br>4.环境场地的安全 |
| 施工准备 | 1.检查施工现场:按设计要求对房间净高、洞口标高和吊顶管道、设备及其支架的高度进行交接检验。<br>2.吊顶内所有管道、管线、设备的安装及水管试压、风管严密性测试等,调试和检验合格。<br>3.材料准备:金属格栅主件,铝方通的品种和规格、颜色等必须符合设计要求;辅料,龙骨及其连接配件应选用同一厂家配套的产品,龙骨的强度和刚度须满足吊顶安装和使用要求。吊挂件连接材料,吊杆、角钢、预埋件、钢筋吊杆应进行防锈处理 |
| 基层处理 | 对基层进行清理、打扫 |
| 基层弹线 | 根据格栅吊顶的平面图,用水准仪在房间内每个墙(柱)角上抄出水平点(若墙体较长,中间也应抄几个点),弹出水准线(水准线距地面一般为500 mm),从水准线量至吊顶设计高度,弹出构件材料的纵横布置线、造型较复杂的部位的轮廓线,以及吊顶标高线,同时确定并标出吊顶位置 |

| 流程 | 内容 |
|---|---|
| 安装吊筋 | 采用金属膨胀螺栓连接,可以采用Φ6的吊杆,吊杆可以采用冷拔钢筋和盘圆钢筋,但采用盘圆钢筋应采用机械将其拉直,吊杆的一端同L30×30×3角码焊接(角码的孔径应根据吊杆和膨胀螺栓的直径确定),另一端可以用自攻螺丝套出大于100 mm的丝杆,也可以买成品丝杆焊接,制作好的吊杆应做防锈处理,吊杆用膨胀螺栓固定在楼板上,用冲击电锤打孔,孔径应稍大于膨胀螺栓的直径 |
| 安装主龙骨 | 轻钢龙骨吊挂在吊杆上,一般采用38轻钢龙骨,间距900~1 200 mm,轻钢龙骨应平行房间长向安装,同时应起拱,起拱高度为房间跨度的1/300~1/200。轻钢龙骨的悬臂段不应大于300 mm,否则应增加吊杆,主龙骨的接长应采取插件对接,相邻龙骨的对接接头要相互错开,轻钢龙骨挂好后应基本调平,跨度大于15 m以上的吊顶,应在主龙骨上每隔15 m加一道大龙骨,并垂直主龙骨焊接牢固 |
| 安装格栅龙骨 | 根据格栅天花的规格尺寸,安装与格栅配套的格栅龙骨。格栅龙骨通过吊挂件吊挂在主龙骨上,当格栅龙骨长度需多根延续接长时,用格栅龙骨连接件连接,在吊挂格栅龙骨的同时,将相对端头相连接,并先调直、调平后固定,格栅龙骨间距一般为1 000 mm;卡式龙骨间相互平行并与轻钢龙骨垂直,安装好卡式龙骨后要用水平仪测试,卡口一定要在一条水平线上 |
| 安装金属格栅 | 安装时,将铝方通双手托起,把铝方通的一边卡入龙骨的卡槽内,再顺势将另一边压入龙骨的卡槽内,铝方通卡入龙骨的卡槽后,应选用与方通配套的插板,与邻板调平,插板插入板缝应固定牢靠,施工时应从一端开始,按一个方向依次进行,并拉通线进行调整,将板面调平,板面与接缝调匀、调直,以确保板边和接缝严密、顺直、板面平整 |
| 清理 | 安装时需佩戴手套,安装完后需用布把板面全部擦拭干净,不得有污物及手印等 |

(3)请写出铝方通格栅吊顶的工艺流程。

_____

_____

_____

_____

(4)请写出铝方通格栅吊顶施工的注意事项。

_____

_____

_____

_____

🖐 操作标准

铝方通格栅吊顶施工各项操作的评分标准见表4.6。

表4.6 铝方通格栅吊顶施工各项操作的评分标准

| 程序 | 规范任务 | 分值 | 评分标准 | 扣分 | 得分 |
|---|---|---|---|---|---|
| 操作前准备 | 1. 正确佩戴安全帽、手套等安全装备 | 5 | 佩戴错误或不佩戴扣5分 | | |
| | 2. 认真参加进场前安全教育 | 5 | 未参加安全教育扣5分 | | |
| | 3. 检查工具仪器设备 | 3 | 未检查工具仪器设备扣3分 | | |
| | 4. 检查材料 | 2 | 未进行材料检查扣2分 | | |
| 操作流程 | 1. 以小组为单位,有明确的分工内容 | 3 | 未进行小组分工,扣2分 | | |
| | 2. 顶面清理干净、垃圾清理 | 5 | 未进行地面清理扣5分 | | |
| | 3. 根据施工图确定标高,弹线定位 | 10 | 未进行确定标高线扣2分;未进行确定造型位置线扣5分;墙顶面弹线高度错误扣3分 | | |
| | 4. 安装吊筋 | 5 | 未在老师监督下使用电锤等打孔工具错误扣3分;打孔定位不对扣2分 | | |
| | 5. 安装主龙骨 | 10 | 主龙骨间距没有控制在900~1 200 mm扣3分;轻钢龙骨的悬臂段大于300 mm扣2分;跨度大于15 m以上的吊顶,没有在主龙骨上,每隔15 m加一道大龙骨扣5分 | | |
| | 6. 安装格栅龙骨 | 10 | 格栅龙骨没有吊挂在主龙骨上扣5分;格栅龙骨没有调直、调平就固定扣3分;卡式龙骨间相互没有平行或没有与轻钢龙骨垂直扣2分 | | |
| | 7. 安装金属格栅 | 5 | 铝方通的一边没有卡入龙骨的卡槽内扣3分;铝方通板面没有调平,板面与接缝未调匀或调直扣2分 | | |
| | 8. 清理 | 5 | 安装完成后未清理板面污物和手印扣2分 | | |

续表

| 程序 | 规范任务 | 分值 | 评分标准 | 扣分 | 得分 |
|---|---|---|---|---|---|
| 操作后评价 | 1. 按照操作流程规范 | 2 | 操作不规范扣2分 | | |
| | 2. 与团队成员沟通顺畅 | 2 | 未与团队成员有效沟通扣2分 | | |
| | 3. 吊顶是否存在不整齐、开裂、变形现象 | 10 | 发现可能造成不平整、开裂、变形的现象扣10分 | | |
| 回答问题 | 1. 目的<br>(1)正确使用工具设备<br>(2)正确理解铝方通格栅吊顶的使用场所<br>(3)正确理解铝方通格栅吊顶工艺流程<br>2. 注意事项<br>(1)安全注意事项<br>(2)工具使用方法正确 | 18 | 根据实际情况,发现有问题每项扣2分 | | |

任务4.3 评价标准

| 工作流程 | 分值 | 任务内容 | 自评扣分<br>(A、B、C、D) | 小组评扣分<br>(A、B、C、D) | 教师评扣分<br>(A、B、C、D) |
|---|---|---|---|---|---|
| 用物准备 | 5 | 正确准备所用学习、实训设备,无漏项 | | | |
| | 5 | 认真参加安全教育 | | | |
| 顶面铝方通学习 | 10 | 课前学习铝方通的相关知识 | | | |
| | 5 | 认真填写学习过程内容 | | | |
| | 2 | 课上同老师进行交流互动 | | | |
| | 5 | 认真阅读制图规范 | | | |
| 铝方通格栅安装 | 3 | 用料准备正确,无漏项 | | | |
| | 5 | 完成顶面清理 | | | |
| | 5 | 确定吊顶标高弹线定位 | | | |
| | 5 | 安装吊杆 | | | |
| | 5 | 安装主龙骨 | | | |
| | 5 | 安装格栅龙骨 | | | |
| | 10 | 安装金属格栅 | | | |
| | 5 | 清理 | | | |

续表

| 工作流程 | 分值 | 任务内容 | 自评扣分<br>(A、B、C、D) | 小组评扣分<br>(A、B、C、D) | 教师评扣分<br>(A、B、C、D) |
|---|---|---|---|---|---|
| 学习能力 | 5 | 按时完成 | | | |
| | 5 | 团队合作 | | | |
| | 5 | 精益求精 | | | |
| | 5 | 知识运用 | | | |
| | 5 | 操作熟练流畅,无事故 | | | |

注:A级,完成任务质量达到该项目的90%~100%;B级,完成任务质量达到该项目的80%~89%;C级,完成任务质量达到该项目的60%~79%;D级,完成任务质量小于该项目的60%。总分按各级最高等级计算。

## 任务 4.3 目标检测

### 一、选择题

1.轻钢龙骨主龙骨的悬臂段不应该大于(　　)mm,否则应增加吊杠。

A.300　　　　　　B.500　　　　　　C.200　　　　　　D.600

2.安装金属格栅时,方通端头应保持(　　)mm 的距离。

A.10~20　　　　B.10~15　　　　C.10 或 20　　　　D.10 或 15

3.金属格栅的铝方通的品种和规格、颜色等必须符合设计要求,以下说法正确的是(　　)。

A.铝方通宽度必须保持一致,同一区域的铝方通必须是同一批次加工的

B.铝方通厚度必须保持一致,同一区域的铝方通必须是同一批次加工的

C.铝方通宽度、厚度必须要一致,同一区域的可以不选用同一批次的

D.铝方通宽度、厚度必须要一致,不管是否同一区域,铝方通均要同一批次的

4.在拟安装有机电设备的位置,从吊杆到吊顶设备开口位置通常应留(　　)cm 的距离。

A.15~20　　　　B.10~15　　　　C.10 或 20　　　　D.10 或 15

5.铝方通吊顶工程中,主龙骨安装应按房间长向跨度安装并起拱,起拱高度为房间跨度的(　　)。

A.1/300~1/150　　B.1/350~1/200　　C.1/300~1/200　　D.1/200~1/100

### 二、简答题

1.通过查阅资料,写出铝方通格栅吊顶的工艺流程。

_____

_____

_____

_____

_____

_____

2. 通过资料查阅,说明铝方通格栅吊顶施工质量验收标准。

_____

_____

_____

_____

_____

_____

# 项目 5  水电施工

1）学习内容分解

水电施工分为 2 个任务,分别是电路施工工艺和水路施工工艺。

2）教学地点建议

教学地点建议在校内情景化教学场所、虚拟仿真实训中心、校外真实施工现场。

3）课前自学

课前自学内容:套接紧定式钢导管敷设工艺,套接紧定式钢导管内穿导线施工,洁具、龙头、玻璃制品加工工艺,灯具、插座开关加工工艺,给排水工艺等。

课前自学内容包括的知识点:国家施工规范、作业指导书和技术交底、全三维施工详图、仿真视频学习。

学生学习完成后可以进行无纸化理论考核和仿真实训考核。

导管敷设安装施工工艺仿真动画　　导管内穿导线安装施工工艺仿真动画　　给排水施工工艺仿真动画

视频来源于《中望家装工程施工虚拟仿真软件》,配套本书教学使用

# 任务5.1　电路施工工艺

## 📖 学习目标

### 1）知识目标

(1)能够叙述出强电和弱电的基本特点；

(2)正确叙述出电路工程的安装形式；

(3)了解电线电缆、电气配管、开关与插座等相关材料；

(4)正确叙述出电路工程的施工流程；

(5)能叙述出电路工程施工过程中的注意事项。

### 2）技能目标

(1)能够正确使用工具完成电路施工；

(2)能够完成灯具、配管、开关、插座安装；

(3)能够进行电路工程验收。

### 3）素质目标

(1)提升自主学习的能力；

(2)培养科学、严谨的态度；

(3)提升人身安全、节能减排等方面的意识。

## ✍ 教学重难点

(1)教学重点:能够正确使用工具完成电路工程实训；

(2)教学难点:电路工程实训项目的安排、组织和实施。

## ⏳ 教学准备

(1)教学硬件:多媒体教室、计算机；

(2)教学软件:虚拟仿真实训平台、CAD；

(3)实操设备:型材切割机(无齿锯)、开槽机、开孔器、电锤、电锯、手电钻、角磨机、钢丝钳、尖嘴钳、卷尺、红外线测距仪、水平尺、智能数显电笔、万用表、兆欧表、安全帽、绝缘手套、胶锤等；

(4)实操材料:金属导管、PVC穿线管、PVC线槽、导管配件、管卡、底盒等。

活动一　电路材料学习

☺ 学习目标

(1)叙述电线电缆的组成部分;

(2)能够叙述出常用电气配管的管材种类,并描述其特点;

(3)能够从安全方面阐述电气配管的选择理由。

🖰 建议学时

建议学时为45分钟。

🖉 课程思政建议

在电路材料的学习方面,通过材料和工艺的选择和使用,培养学生分析和判别问题的能力,增强学生严谨的职业态度,提升学生的人身安全意识,并且在生活中践行节约用电、节省资源的准则。

思政小案例

某物资有限公司在建设施工过程中,发生一起触电事故,造成安全事故。事故原因:作业现场电焊机、切割机进出线路陈旧老化,多处破损,有的铜线甚至裸露在外,且没有采用架空方式铺设,均平铺在地面上,加之现场浇水,水在地面漫流,电线大部分被浸湿,导致电线漏电发生触电事故。

🏠 学习过程

(1)家庭常用的电线截面规格有哪些?

_____

_____

_____

_____

_____

(2)常见的开关分类有哪些?

_____

_____

_____

_____

_____

（3）请描述安全用电的注意事项。

_____

_____

_____

_____

_____

（4）请简述电线要套在 PVC 电线套管里的原因。

_____

_____

_____

_____

_____

（5）简述常见的插座的分类。

_____

_____

_____

_____

_____

## 活动二　电路工程施工

☺ 学习目标

（1）叙述电路工程的施工流程；

（2）正确使用工具完成电路工程施工实训。

🖰 建议学时

建议学时为 135 分钟。

✐ 课程思政建议

通过电路工程施工实训,感受电路施工人员严谨的职业态度和对完美工艺的执着追求,培养学生对施工人员匠人之心的尊重和理解,同时激发学生的职业道德感和安全意识。

**思政小案例**

张克京和他的"铁鞋"

1960年,我国掀起了以机械化、半机械化,自动化、半自动化为核心的技术革新。当时鲁中供电局淄博供电所的电工张克京,发明了一种轻便、安全又实用的爬杆铁鞋。你可别小看这双铁鞋,它是一项世界级的发明,它改写了人类攀爬的历史。而且,在经过几代能工巧匠的改造后,铁鞋依然在发挥作用,世界各地的电力、通信、市政工人仍在用它爬杆。世界上第一双铁鞋已被永久地保存在国网山东电力公司的档案馆里,它的发明人张克京也已退休多年,但他的发明为电力登杆作业作出了巨大贡献,他的创新精神值得永远铭记和传承。

🕮 **学习过程**

(1)电路工程施工——导管敷设安装。施工流程及其内容见表5.1。

表5.1　导管敷设安装流程及其内容

| 流程 | 内容 |
|---|---|
| 工具准备 | 型材切割机(无齿锯)、开槽机、开孔器、电锤、电锯、手电钻、角磨机、钢丝钳、尖嘴钳、卷尺、红外线测距仪、水平尺、智能数显电笔、万用表、兆欧表、安全帽、绝缘手套、胶锤、金属导管、PVC穿线管、PVC线槽、导管配件、管卡、底盒等 |
| 安全教育 | 1.电动工具的使用安全教育;<br>2.正确佩戴安全设施;<br>3.实操过程中的安全;<br>4.环境场地的安全 |
| 施工准备 | 1.施工现场拆除工作完成并清理干净;<br>2.新砌墙体砌筑完成;<br>3.管内清除、管外防锈、管材防腐、管材平直;<br>4.配电箱安装完毕 |
| 定位、放线 | 1.在墙、地面弹线,标出剔槽孔位置;<br>2.动力线路和照明线路、弱电线路应分开敷设 |
| 开槽、孔 | 1.墙地面暗管安装时,墙地面开槽要顺直、无扭曲,开槽横平竖直,墙面横槽长度不超过300 mm;<br>2.开槽时使用切割锯按照墨线切到预定深度后使用錾子剔出孔槽 |
| 弯管、箱盒预制安装 | 1.加工弯管、箱盒支架,箱盒支架使用扁钢或角钢制作;<br>2.套接紧定式钢导管管路弯曲、暗敷设;<br>3.提前固定配电箱 |
| 管路敷设 | 1.布管;<br>2.套接紧定式钢导管管路进入盒箱 |
| 管路连接 | 1.将盒箱连接牢固;<br>2.紧定螺钉;<br>3.固定管路,线管端头临时封堵 |

续表

| 流程 | 内容 |
|---|---|
| 跨接地线 | 1.电箱接出线管间用4 mm双色软线涮锡做好跨接地线；<br>2.用专用固定卡子进行固定 |
| 管路固定 | 固定管线、固定管道、填平暗槽 |

（2）电路工程施工——导管内穿导线安装。施工流程及其内容见表5.2。

表5.2　导管内穿导线安装流程及其内容

| 流程 | 内容 |
|---|---|
| 工具准备 | 钢丝钳、尖嘴钳、智能数显电笔、万用表、兆欧表、安全帽、绝缘手套、绝缘导线、穿线钢丝、接线端子、接线帽、焊锡、焊剂、塑料绝缘胶布 |
| 安全教育 | 1.电动工具的使用安全教育；<br>2.正确使用安全设施；<br>3.实操过程中的安全问题；<br>4.环境场地中的安全问题 |
| 施工准备 | 1.相关敷设完毕,钢管(电线管)在穿线前,各个管口的护口齐全,无遗漏和破损；<br>2.盒(箱)盖板应齐全、完好 |
| 配线、穿带线、放线与断线 | 1.选择导线的规格、颜色；<br>2.相线、零线及保护线的线皮颜色加以区分,符合规范要求；<br>3.进行通断摇测；<br>4.预留导线长度 |
| 管内穿线、管口带护口 | 1.穿线；<br>2.检查护口 |
| 电源线的连接、线路绝缘摇测 | 1.连接电源线；<br>2.线路的绝缘摇测(一般选用500 V,量程为0~500 MΩ的兆欧表) |
| 隐蔽工程验收 | 1.隐蔽工程验收；<br>2.填写隐蔽工程验收单 |

（3）写出导管敷设安装、导管内穿导线安装流程。

（4）写出导管敷设安装、导管内穿导线安装的注意事项。

_____

_____

_____

_____

_____

👆 操作标准

电路工程施工各项操作的评分标准见表5.3。

表5.3　电路工程施工各项操作的评分标准

| 程序 | 规范任务 | 分值 | 评分标准 | 扣分 | 得分 |
|------|---------|------|---------|------|------|
| 操作前准备 | 1. 正确佩戴安全帽、手套等安全装备 | 5 | 佩戴错误或不佩戴扣5分 | | |
| | 2. 认真参加进场前安全教育 | 5 | 未参加安全教育扣5分 | | |
| | 3. 检查工具仪器设备 | 3 | 未检查工具仪器设备扣3分 | | |
| | 4. 检查材料 | 2 | 未进行材料检查扣2分 | | |
| 操作流程 | 1. 以小组为单位,有明确的分工内容 | 3 | 未进行小组分工扣2分 | | |
| | 2. 定位、放线 | 3 | 未准确进行定位、放线扣3分 | | |
| | 3. 开槽、孔 | 10 | 开槽不够横平竖直扣3分;墙面开横槽长度在300 mm以上的扣5分;未按照预定深度扣2分 | | |
| | 4. 弯管、箱盒预制安装 | 5 | 弯曲管材弧度不均匀,焊缝未处于外侧扣3分;未提前固定配电箱扣2分 | | |
| | 5. 管路敷设、管路连接 | 10 | 布管不够整齐美观、对管的固定间距超过1 000 mm扣3分;未采用专用接头固定牢靠扣2分;未进行线管端头临时封堵扣5分 | | |

续表

| 程序 | 规范任务 | 分值 | 评分标准 | 扣分 | 得分 |
|---|---|---|---|---|---|
| 操作流程 | 6.跨接地线、管路固定 | 5 | 管道未按不同管径和要求设置专用管卡固定扣3分;管卡与管材间未采用塑料或橡胶等软质材料隔垫扣2分 | | |
| | 7.配线、穿带线、放线与断线 | 9 | 未区分相线、零线及保护线的线皮颜色扣3分;未用对应电压等级的摇表进行通断摇测扣3分;未预留导线长度扣3分 | | |
| | 8.管内穿线、管口带护口 | 6 | 造成电源线破损扣3分;电源线与通信线穿入同一根管内扣3分 | | |
| | 9.电源线的连接 | 5 | 导线的接头未在接线盒内接扣2分;导线有损伤扣3分 | | |
| | 10.线路绝缘摇测 | 5 | 摇测时未及时进行记录扣5分 | | |
| | 11.隐蔽工程验收 | 5 | 未严格进行隐蔽工程的验收扣3分;未填写隐蔽工程验收单扣2分 | | |
| 操作后评价 | 1.按照操作流程规范 | 2 | 操作不规范扣2分 | | |
| | 2.与团队成员沟通顺畅 | 2 | 未与团队成员有效沟通扣2分 | | |
| | 3.所有线头须用接线端子、压线帽或绝缘胶布封闭 | 5 | 发现线头未封闭的现象扣5分 | | |
| 回答问题 | 1.目的<br>(1)正确使用工具设备<br>(2)正确理解电路工程施工流程<br>(3)正确理解电路工程材料特点及使用方法<br>2.注意事项<br>(1)安全注意事项<br>(2)工具使用方法正确 | 10 | 根据实际情况,发现有问题每项扣2分 | | |

任务5.1 评价标准

| 工作流程 | 分值 | 任务内容 | 自评扣分<br>（A、B、C、D） | 小组评扣分<br>（A、B、C、D） | 教师评扣分<br>（A、B、C、D） |
|---|---|---|---|---|---|
| 用物准备 | 5 | 正确准备所用学习、实训设备，无漏项 | | | |
| | 5 | 认真参加安全教育 | | | |
| 插座与开关学习 | 10 | 课前学习插座与开关的相关知识 | | | |
| | 5 | 认真填写学习过程内容 | | | |
| | 2 | 课上同老师进行交流互动 | | | |
| 电路工程施工 | 3 | 用物准备正确，无漏项 | | | |
| | 5 | 正确进行定位、放线，按照标准开槽、孔 | | | |
| | 5 | 加工好各种弯管、箱盒支架 | | | |
| | 10 | 正确进行管路敷设、管路连接 | | | |
| | 5 | 正确进行跨接地线、管路固定 | | | |
| | 5 | 按要求进行配线、穿带线、放线与断线 | | | |
| | 5 | 正确进行管内穿线、管口带护口、电源线的连接 | | | |
| | 5 | 正确进行线路绝缘摇测 | | | |
| | 5 | 按要求进行隐蔽工程验收 | | | |
| 学习能力 | 5 | 按时完成 | | | |
| | 5 | 团队合作 | | | |
| | 5 | 精益求精 | | | |
| | 5 | 知识运用 | | | |
| | 5 | 操作熟练流畅，无事故 | | | |

注：A级，完成任务质量达到该项目的90%～100%；B级，完成任务质量达到该项目的80%～89%；C级，完成任务质量达到该项目的60%～79%；D级，完成任务质量小于该项目的60%。总分按各级最高等级计算。

## 任务 5.1 目标检测

### 一、选择题

1.国家标准规定,强、弱电线在安装时要相互距离(　　)cm 以上避免干扰。

A.30　　　　　　　B.40　　　　　　　C.50　　　　　　　D.60

2.关于导管内穿线的要求,正确的是(　　)。

A.绝缘导线穿入金属导管后应装设护线口

B.绝缘导线接头可以设置在槽盒内

C.同一回路绝缘导线不应穿于同一导管内

D.不同回路绝缘导线不应穿于同一导管内

3.电线与暖气、热水、煤气管之间的平行距离不应小于(　　)mm。

A.100　　　　　　　B.150　　　　　　　C.250　　　　　　　D.300

4.开关高度一般为(　　)mm,距离门框门沿为 150～200 mm。

A.800～1 000　　　B.1 000～1 200　　　C.1 200～1 400　　　D.1 500～1 700

5.布完线后保护接地要牢,对漏电保护要做(　　)自动跳闸试验,如不符合要求,及时更换。

A.1～2 次　　　　　B.3～4 次　　　　　C.7～8 次　　　　　D.10 次以上

### 二、简答题

1.通过查阅资料,写出安装灯具时的注意事项。

_____

_____

_____

_____

_____

2.通过资料查阅,描述安装开关、插座的要点。

_____

_____

_____

_____

_____

## 任务5.2　水路施工工艺

### 📖 学习目标

1）知识目标

（1）能够叙述出给水和排水的概念；

（2）正确叙述出给排水工程的安装形式；

（3）了解给排水水管、配水附件、卫浴洁具等相关材料；

（4）正确叙述出水路工程的施工流程；

（5）能够叙述出水路工程施工过程中的注意事项。

2）技能目标

（1）能够正确使用工具完成水路施工；

（2）能够完成给排水管、配水附件、卫浴洁具等安装；

（3）能够进行水路工程验收。

3）素质目标

（1）提升自主学习能力；

（2）提升科学、严谨的学习态度；

（3）提升人身安全、节能减排等方面的意识。

### ✎ 教学重难点

（1）教学重点：能够正确使用工具完成水路工程实训。

（2）教学难点：水路工程实训项目的安排、组织和实施。

### ⧗ 教学准备

（1）教学硬件：多媒体教室、计算机；

（2）教学软件：虚拟仿真实训平台、CAD；

（3）实操设备：热熔焊接机、PP-R管切断钳、电钻、电锤、切割锯；活板子、管钳、钳子、打压泵、压力表、錾子、手锤、水平尺、角尺、卷尺、线坠、小线、墨斗、激光水平仪、游标卡尺、铅直测定器（线锤、线坠）、卷线器、角度测量仪（水平坡度仪）等；

（4）实操材料：PP-R管、PVC管、阀门等。

## 活动一 水路材料学习

☺ **学习目标**

（1）能叙述出常用给排水水管种类，并描述出它们的特点；

（2）能叙述出配水附件及用途；

（3）能够从安全方面阐述给排水水管的选择理由。

⌖ **建议学时**

建议学时为 45 分钟。

✎ **课程思政建议**

在水路工程施工材料方面，通过对我国装饰材料的制造、应用创新实例的介绍，培养学生的科学资源观、环境观，提升学生的人身安全意识，并且在生活中践行节约用水、循环利用的理念。

**思政小案例**

某小区一居民楼楼顶起火，冒起滚滚浓烟，还不时伴随着爆炸声。据相关部门通报，原因是工人在楼顶做防水时操作失误，导致防水材料油毡纸着火。楼顶有一个太阳能热水器，由于周边温度急剧上升，热水器发生爆炸。好在现场火及时被扑灭，没有造成人员伤亡。

⌂ **学习过程**

（1）家居装修选用哪种水管较好？需要注意什么？

_____

_____

_____

_____

（2）请描述选择龙头的方法。

_____

_____

_____

_____

（3）请详细描述 PP-R 管的特点。

_____

_____

_____

_____

_____

（4）什么是闸阀？有哪些结构形式？

_____

_____

_____

_____

_____

（5）常见卫浴洁具有哪些？

_____

_____

_____

_____

_____

## 活动二　水路工程施工

☺ 学习目标

（1）叙述水路工程的施工流程；

（2）正确使用工具完成水路工程施工实训。

🖰 建议学时

建议学时为 135 分钟。

✎ 课程思政建议

通过水路工程施工实训，结合施工工艺规范、质量要求，培养学生严谨的学习态度，养成良好的职业素养。

**思政小案例**

好不容易装修好的家,却隔三岔五漏水? 明明看起来很完美的水槽,却突然臭气冲天? 你知道吗,其实这些闹心事儿,都归结于水路施工不到位!

水路施工是装修中的重要一环,影响着业主日后的用水安全。如果水路施工不规范、不到位,会产生漏水、渗水、下水道堵塞、厕所反臭等诸多问题。规范的水路施工,不仅需要使用各类优质材料,还需要认真对待每一道工序,否则容易出现安全事故。

⚑ 学习过程

(1)水路工程施工。施工流程及其内容见表5.4。

表5.4　水路工程施工流程及其内容

| 流程 | 内容 |
|---|---|
| 工具准备 | 热熔焊接机、PP-R 管切断钳、电钻、电锤、切割锯;活板子、管钳、钳子、打压泵、压力表、錾子、手锤、水平尺、角尺、卷尺、线坠、小线、墨斗、激光水平仪、游标卡尺、铅直测定器(线锤、线坠)、卷线器、角度测量仪(水平坡度仪)等 |
| 安全教育 | 1.电动工具的使用安全教育;<br>2.正确使用安全设施;<br>3.实操过程中的安全问题;<br>4.环境场地中的安全问题 |
| 施工准备 | 1.开工前看清有关卫浴洁具的平面布置图;<br>2.检查原墙面与顶面是否有裂缝;<br>3.对地面作蓄水试验(48 h);<br>4.检查给水管水压大小;<br>5.检查进水主管材料的材质与要施工水管材质是否相同;<br>6.封好排水管口 |
| 测量、放线 | 1.在墙、地面弹出墨线,标出剔槽、开孔位置、预留口位置等;<br>2.敷设冷水管线、热水管线、中水管线 |
| 墙地面开槽 | 1.墙地面暗管安装时,墙地面开槽要顺直、无扭曲,开槽横平竖直,墙面横槽长度不超过 300 mm;<br>2.开槽时,使用切割锯按照墨线切到预定深度,然后使用錾子剔出孔槽,穿墙孔洞需加金属套管 |
| 裁管下料、管路敷设、热熔焊接 | 1.PPR 管剪裁下料;<br>2.采用热(电)熔连接;<br>3.根据使用材质采取有效的技术措施 |
| 管路固定 | 1.固定管道;<br>2.固定管线;<br>3.填平暗槽 |

续表

| 流程 | 内容 |
|------|------|
| 打压试验 | 1.打压泵缓慢注水；<br>2.排出管内空气；<br>3.打压试验(压力表定标为 0.9 MPa,稳压 1 h 后,压力下降不大于 0.03 MPa,同时检查给水管及各连接点不得出现渗漏现象) |
| 管道防腐和保温 | 1.管道防腐；<br>2.管道保温 |
| 隐蔽验收 | 1.完成隐蔽验收项目；<br>2.填写隐蔽验收单 |
| 冲洗管道 | 1.给水管用含 20～30 mg/L 游离氯的清水灌满管道进行消毒；<br>2.含氯水在管中静置 24 h 以上；<br>3.用清水冲洗管道 |

(2)写出给水布管的安装流程。

_____

_____

_____

_____

(3)写出排水布管的安装流程。

_____

_____

_____

_____

❀ 操作标准

水路工程施工各项操作的评分标准见表5.5。

表 5.5　水路工程施工各项操作的评分标准

| 程序 | 规范任务 | 分值 | 评分标准 | 扣分 | 得分 |
|---|---|---|---|---|---|
| 操作前准备 | 1.正确佩戴安全帽、手套等安全装备 | 5 | 佩戴错误或不佩戴扣5分 | | |
| | 2.认真参加进场前安全教育 | 5 | 未参加安全教育扣5分 | | |
| | 3.检查工具仪器设备 | 3 | 未检查工具仪器设备扣3分 | | |
| | 4.检查材料 | 2 | 未进行材料检查扣2分 | | |
| 操作流程 | 1.以小组为单位,有明确的分工内容 | 2 | 未进行小组分工扣2分 | | |
| | 2.测量、放线 | 3 | 未准确进行测量、放线扣3分 | | |
| | 3.墙地面开槽 | 10 | 开槽不够横平竖直扣3分;墙面开横槽长度在300 mm以上的扣5分;未按照预定深度扣2分 | | |
| | 4.裁管下料、管路敷设、热熔焊接 | 10 | 塑料给水管道距炉灶外缘小于400 mm扣2分;给水水平管道未有2%~5%的坡度扣2分;给水管道未采用与管材相适应的管件扣2分;塑料管和复合管与金属管件、阀门等的连接未使用专用管件连接扣2分;焊缝与母材过渡得不够圆滑扣2分 | | |
| | 5.管路固定 | 10 | 管道未按不同管径和要求设置专用管卡或支托吊卡架固定扣4分;管道末端离端头大于150 mm扣3分;暗敷管道安装完毕验收合格后,未采用成品水泥砂浆将暗槽填平扣3分 | | |
| | 6.打压试验 | 10 | 稳压1 h后,压力下降大于0.03 MPa扣5分;给水管及各连接点出现渗漏现象扣5分。 | | |

续表

| 程序 | 规范任务 | 分值 | 评分标准 | 扣分 | 得分 |
|---|---|---|---|---|---|
| 操作流程 | 7.管道防腐和保温 | 10 | 给水管道铺设与安装的防腐未按设计要求及国家规范施工扣3分;钢支架及管道镀锌层破损处和外露丝扣未补刷防锈漆扣3分;保温材质及厚度未按设计要求扣3分 | | |
| | 8.隐蔽验收 | 5 | 未严格进行隐蔽工程的验收扣3分;未填写隐蔽验收单扣2分 | | |
| | 9.冲洗管道 | 5 | 管道未进行消毒处理扣5分 | | |
| 操作后评价 | 1.按照操作流程规范 | 2 | 操作不规范扣2分 | | |
| | 2.与团队成员沟通顺畅 | 1 | 未与团队成员有效沟通扣1分 | | |
| | 3.室内给水管道的水压试验必须符合设计要求 | 5 | 发现不符合设计要求现象扣5分 | | |
| 回答问题 | 1.目的<br>(1)正确使用工具设备<br>(2)正确理解水路工程施工流程<br>(3)正确理解水路工程材料特点及使用方法<br>2.注意事项<br>(1)安全注意事项<br>(2)工具使用方法正确 | 12 | 根据实际情况,发现有问题每项扣2分 | | |

任务5.2 评价标准

| 工作流程 | 分值 | 任务内容 | 自评扣分(A、B、C、D) | 小组评扣分(A、B、C、D) | 教师评扣分(A、B、C、D) |
|---|---|---|---|---|---|
| 用物准备 | 5 | 正确准备所用学习、实训设备,无漏项 | | | |
| | 5 | 认真参加安全教育 | | | |
| 卫浴洁具学习 | 10 | 课前学习卫浴洁具的相关知识 | | | |
| | 5 | 认真填写学习过程内容 | | | |
| | 2 | 课上同老师进行交流互动 | | | |

续表

| 工作流程 | 分值 | 任务内容 | 自评扣分<br>(A、B、C、D) | 小组评扣分<br>(A、B、C、D) | 教师评扣分<br>(A、B、C、D) |
|---|---|---|---|---|---|
| 水路工程施工 | 3 | 用物准备正确,无漏项 | | | |
| | 5 | 正确进行测量、放线 | | | |
| | 5 | 按要求在墙地面开槽 | | | |
| | 10 | 正确进行裁管下料、管路敷设、热熔焊接 | | | |
| | 5 | 正确进行管路固定 | | | |
| | 5 | 正确进行打压试验 | | | |
| | 5 | 按要求进行管道防腐和保温 | | | |
| | 5 | 按要求进行隐蔽验收 | | | |
| | 5 | 按要求进行冲洗管道 | | | |
| 学习能力 | 5 | 按时完成 | | | |
| | 5 | 团队合作 | | | |
| | 5 | 精益求精 | | | |
| | 5 | 知识运用 | | | |
| | 5 | 操作熟练流畅,无事故 | | | |

注:A级,完成任务质量达到该项目的90%~100%;B级,完成任务质量达到该项目的80%~89%;C级,完成任务质量达到该项目的60%~79%;D级,完成任务质量小于该项目的60%。总分按各级最高等级计算。

## 任务5.2目标检测

### 一、选择题

1.在竣工验收前,对给水管用含20~30 mg/L游离氯的清水灌满管道进行消毒处理,含氯水在管中应静置(　　)h以上,然后放出,用清水冲洗管道。

A.6　　　　　　　　B.12　　　　　　　　C.24　　　　　　　　D.48

2.冷热水安装应左热右冷,安装冷热水管平行间距不小于(　　)mm。

A.10　　　　　　　　B.20　　　　　　　　C.30　　　　　　　　D.40

3.在生活污水管道上设置的检查口或清扫口,当设计无要求时,在立管上应每隔(　　)设置一个检查口,但在最底层和有卫生洁具的最高层必须设置。

A.1层　　　　　　　　B.2层　　　　　　　　C.3 m　　　　　　　　D.4 m

4.隐蔽或埋地的排水管道在隐蔽前必须做(　　)试验。

A.通球试验　　　　　　B.闭水试验　　　　　　C.灌水试验　　　　　　D.通水试验

5. 墙地面暗管安装,墙地面开槽要顺直、无扭曲,开槽横平竖直,墙面不允许开(    )mm以上长度的横槽。

    A. 300                B. 200                C. 100                D. 50

## 二、简答题

1. 通过查阅资料,写出卫浴洁具安装工艺流程。

_____

_____

_____

_____

_____

2. 通过查阅资料,写出厨房设备安装工艺流程。

_____

_____

_____

_____

_____

# 参考文献

[1] 刘浩. 装饰材料构造与预算:室内施工设计实训攻略[M]. 长春:东北师范大学出版社,2012.

[2] 孙晓红. 建筑装饰材料与施工工艺[J]. 中华建设,2014(2):67.

[3] 姚立娟. 高职院校建筑装饰材料与施工工艺课程教学改革探讨[D]. 石家庄:河北师范大学,2015.

[4] 陆立颖. 建筑装饰材料与施工工艺[M]. 上海:上海交通大学出版社,2013.

[5] 张玉民,程子东,吕从娜. 装饰材料与施工工艺:项目教学使用手册[M]. 北京:清华大学出版社,2010.

[6] 赵雅欣. 工作手册式教材的基本特征与改革策略[J]. 新一代:理论版,2021(8):121.

[7] 王亚盛,孙伟力,于春晓,等. 新型活页式、工作手册式、融媒体教材基本特征与质量评价指标研究[J]. 青岛职业技术学院学报,2021,34(5):10-14.

[8] 徐广华,贾文静. "三教"改革背景下职业院校新型教材开发与实践[J]. 北京工业职业技术学院学报,2021,20(3):85-90.

[9] 曾文英,姜建华,曾文权,等. 基于项目化的新型活页式和工作手册式教材设计[J]. 计算机教育,2022(2):109-113.

[10] 鲁晓双. 职业教育工作手册式教材开发初探[J]. 科技与出版,2021(11):98-103.

[11] 蔡跃,李静. 德国职业教育工作手册式教材编写体例及开发要点研究[J]. 中国职业技术教育,2021(20):59-64.

[12] 杨卫军,范效亮. 高职项目化课程工作手册式教材建设研究[J]. 职业,2022(5):73-75.

[13] 王剑. 基于三育融合的活页工作手册式教材编写要求[J]. 现代职业教育,2021(41):46-47.